ピエルドメニコ・バッカラリオ／フェデリーコ・タッディア 著

秋山忍 日本版監修
国立科学博物館名誉研究員
野村雅夫 訳　エレナ・トリオーロ 絵

いざ！探Q

もしも草木が話したら？

植物をめぐる15の疑問

太郎次郎社エディタス

もくじ

1 植物って何者？ …… 5

2 どんなふうに生まれて育つの？ …… 15

3 植物も話をする？ …… 27

4 植物って動くの？ …… 35

5 植物は、みんななかよし？ …… 45

6 どれくらい生きるの？ …… 53

7 海のなかや宇宙で生きる植物もいる？ …… 61

8 食べられるかどうか、どうやってわかったの？ …… 69

9 人間に食べられる野菜の気持ちは？ …… 79

10 植物の名前はだれがつけたの？ …… 87

11 植物とわたしたち、助けているのはどっち？ …… 97

12 どうして植物を守らないといけないの？ …… 107

13 植物から学べることは？ …… 115

14 植物なしで生きられる？ …… 123

15 植物ロボットって、なんだ？ …… 131

じゃあ、またね …… 139

日本版監修者あとがき …… 141

1 植物って何者？

　植物って、なんだろう。そんなの知ってるって思うよね。木とか、花とか、草とか、もっと言うならサボテンとか。ようするに、あの緑のやつだ。

　でも、やつらはいったい何者なんだろうって、とことん考えたことはある？　ないよね？　だろうと思った。ぼくたちだって、この本を書きながら、だんだんわかってきたくらいだもの。

　植物ってのはね、きみ、つまり人間と同じように生きものだ。そして、きみやぼくたちと同じように、それぞれに性格も話し方も違う。意志だってはっきりあるし、これはいいけどこれはダメみたいな自分の考えもあるんだ。恋もすれば、ケンカもする。だれかを好きにもなるし、だれかに怒ることもある。場合によっては、殴りあうこともある始末。さらに言えば、植物はみんながみんな緑じゃないし、ずっと緑ってわけでもない……。

　ちょっと待って！　とりあえず10分でいいから、ぼくたちの話

を聞いてもらえれば、植物がきみに似ているってことをわかってもらえると思う。あとは、植物の好ききらいもみえてくるかな。こいつらは友だちになれそうだけど、あいつらはキツいとかさ。

　ともかく、植物の正体を探るには、まず外へ出ないといけない。この本を持って出るかはまかせるけど、ともかくよくよく注意して観察することが大事。ぼくたちなんて、いまこのときも、デスクにかならずサボテンを置いているよ。こいつは黙ってるように見えるけど、明らかにぼくたちの話を聞いてるね。かといって、太っちょってからかっても、つっかかってくるわけじゃない。むしろ、哲学者みたいに、ものを考えてる感じがするんだよ。17世紀のオランダの哲学者になぞらえて、サボテン界のスピノザくんとでもよんでおこうか。

　準備はいいかな？　ついてきてる？　よし、はじめよう。

　この地球にさきに登場したのは、人間をふくむ動物？　それとも、植物？　これは難しい質問だ。でも、どちらかに決めろって言われたら、ぼくたちは植物って答えるね。

　ぼくたちが知っているのは、植物の誕生がだいたい４億年前ってことくらい。動物も、同じころに生まれた。

　そのころの気候って、どうだったんだろう？　植物にとって、気候は動物以上に重要なことなんだ。

　およそ40億年前、もともと灼熱だった地球があるていど冷えると、海や山が現れた。そして火山活動がおさまって、隕石とか、ものすごい高熱の物体が空から降ってくることもなくなると、あるとき、そこに生命が誕生した。バクテリアという、とても小さいけれど、れっきとした構造をもった生物だ。

でも、このバクテリアって、いったいなんだろう？　植物なのか、動物なのか、海藻なのか、きのこなのか。はたまた、そういうのがいっしょくたになったやつなのか。これが、だれにもわからないんだ。

バクテリアがどうやって生まれたのか。それも、さっぱりわからない。もしかすると、雷が海に落ちて、そこに漂っていた分子に電気ショックが加わったのかもしれない。あるいは、古代ギリシャの哲学者たちが言っていたように、隕石とか彗星といっしょにやってきた宇宙からの分子が、地球に「植えられた」とか。これはパンスペルミア説といって、古代ギリシャの人たちはこの考え方に夢中になったんだ。

でもさ、とにかく、生命は生まれた。

光の魔法

数十億年前に起きたことの本質は、太陽の光を「食べる」ことで生きていくという、魔法のような手段が誕生したことだった。

これはいまもなお受けつがれて、来る日も来る日も、植物がやっていることだよね。たぶんきみも知ってるはずだ。光の力を使って栄養をつくりだす光合成さ。この光合成ってのは、植物にとって欠かせないだけではなくて、きみにとっても大事なことなんだ。だって、植物は、光合成をすることで、ぼくたち動物が呼吸をするのに必要な酸素を生みだしてくれているんだもの。

ざっくりいうと、そういうこと。

植物を創ったのはだれ？

35億年前

最初のバクテリアが登場。グリーンランド、カナダ、オーストラリアで見つかるストロマトライトという層状の岩石を切りだしてみると、いまでもそのバクテリアを観察することができる。

15億年前

複雑な構造をもった最初の生物が誕生。丸や棒の形のやわらかいからだをしていて、骨や甲羅、殻などはなかった。

20億年前

光合成によって酸素をつくりだせるバクテリアが現れる。その後、酸素をエネルギーとして使えるバクテリアも出てくる。

第1段階　光

植物は日中、葉っぱにある**葉緑素（クロロフィル）**という物質で太陽光をつかまえている。根っこから吸いあげた水と光を結びつけて、水から酸素をとりのぞき（酸素は外に吐きだす）、そこに、これまた根っこから集めたミネラルを加えることで、自分のエネルギー源をつくっているんだ。植物のガソリンだね！

葉緑素（クロロフィル）

植物の葉っぱを構成している細胞の内側にある物質。これがあるから植物は緑色になるんだ。クロロフィルってのは、古代ギリシャのことばからきていて、クロロが緑、フィルが葉っぱを表している。

6億年前

やわらかい組織でできたさまざまな生物たちが暮らしていた。状態のよい化石が発見されたオーストラリアの地名をとってエディアカラ生物群とよばれている。

4億年前

海を離れて陸に上がる生物が現れる。これが、最初の陸生植物。なかでも古いものはクックソニアとよばれている。

4億年前まで

地震や溶岩流によって陸地を追われ、生物はずっと海にいるようになる。

3億6000万年前

ぼくたちが知っているような、最初の木が誕生。

第2段階　闇

　夜など暗いとき、植物は日中につくったエネルギー源（ATPってよんでるよ）を燃料にして栄養を生みだし、からだのあちこち必要な場所に送りこんでいる。その栄養づくりの材料として葉っぱから吸収しているのが、二酸化炭素なんだ。きみが息をするたびにからだの外へ吐きだしてるやつさ。

　おもしろいのはさ、植物はきみがいらないって吐きだしたものを吸いこんで、きみは植物がいらないって吐きだしたものを吸いこんでるってこと。

1　植物って何者？

人によって必要とするエネルギーが違うように、木によっても吸いこむ二酸化炭素の量は違う。背の低い木なのか、緑の生い茂った巨大な木なのか。生えている場所が都会なのか、森なのか。人間が手入れしている木なのか、野生の木なのか。それによって変わってくる。樹齢20〜40年ぐらいのそこそこ大きな木は、街なかだと、毎年10〜20キログラムの二酸化炭素を吸いこむんだけど、もしその木が森にあれば、ちょうど倍の量になるんだ。
　ぼくらが捨てた二酸化炭素をムダにせずに使ってくれるなんて、ありがとうって話だろ？

根っこ、茎、葉っぱの役割は？

きみに頭とからだと皮膚があるように、植物には根っこと茎（木ではふつう幹とよばれる）と葉っぱがある。

根っこは、水やミネラルを地面から吸いあげている。ときには地面の下で何百メートルにものびて、コソコソ仕事をしているんだ。でも、熱帯の植物（ジメジメしているのが大好きなやつ）には、土の上に根っこを出しているのもあるぞ。たとえば、マングローブの根っこはかなり特殊で、地面よりも上にあって、空気中から直接水分を吸収している。抜け目ないだろ？

茎や幹っていうのは、きみのからだを支える骨格みたいなものかな。と同時に、外部の刺激からからだを守る皮膚にも少し似ているし、血液をめぐらせる循環器系のシステムにも似ているよ。植物に血液はないけれど、かわりにだいたい同じ働きをする樹液がある。

きみが成長するのと同じように、植物は茎を伸ばす。それで何をしているかっていうと、より多くの光を探しにいってるんだ。きみが筋肉をつけてからだを強くするように、植物は樹皮を厚くじょうぶにしていく。

では、植物のアキレス腱、つまり急所は？　それは、樹皮のすぐ内側の部分なんだ。そこは樹液が通るところで水気が多く、

> 根っこをみんなに見せちゃうなんて……はずかしくないのかよ！マングローブってやつは

傷つきやすいからね。というわけで、植物は人間みたいにからだの真ん中に心臓がひとつあるんじゃなくて、大事な部分は端っこや外側に分散されているといえるね。

葉っぱは、呼吸をしたり、光をとりこんだりするためにあって、表と裏がある。表側には葉緑素があって、太陽光線をつかまえている。裏側には空気を通す気孔という小さな穴があって、二酸化炭素を吸いこんだり、酸素を吐きだしたりしている。酸素を出すのは、きみが毎日おしっこをしているのにちょっと似ているかな。じゃあ、うんちにあたるのは？

植物は、必要のなくなったものを葉っぱにためこんで、1年に1回、秋になったら、葉っぱごと落としているんだ。

ただし、秋に葉っぱを落とすのは、落葉樹だけ。1億7000万年くらいまえからいるといわれている常緑樹は違う。常緑樹の場合は、じつはたえず葉っぱを落としつづけているんだけど、数はすごく少ないから、気づきにくいんだ。

でもね、どんな植物にとっても、新しい葉っぱを育てるってのは、おそろしくたいへんなこと。たとえば、すごく強いモミの木でも、あの針のような葉っぱがしっかり育つまでに、少なくとも3年はかかるんだ。

じゃあ、なぜ葉を落としてしまうんだと思う？ 大きな理由は、枝を長く伸ばしても、風に耐えられるようにするためだよ。葉っぱが少ないほうが、風を受けて倒れてしまう危険が少ないからね。

数字の話

世界には35万種の植物が発見されていて、葉を持つ植物は19万種あるといわれているよ。

風が強く吹いているときに外へ出てごらん。そこで着ているジャンパーを広げれば、そのことがよくわかると思うよ。

すごい葉っぱ

ヤマナラシ

これはポプラの仲間の植物なんだけど、なぜこんな名前なのかといえば、少しでも風が吹くと、震えるように葉っぱが揺れうごいて、音が鳴るからだよ。葉っぱを揺らすことで、少しでも多く太陽の光に当てようとしているんだ（ほかの木の葉っぱとは少しつくりが違う）。そうやってたくさん光合成をして、早く大きくなろうとしているんだね。

サボテン

ここにいるサボテンのスピノザくんは、水を逃さない「よろい」を身にまとっている。サボテンがもともと生きているのは、地中の水分が少ない場所。せっかくむちゃくちゃ苦労して吸いあげた水が直射日光で蒸発してしまうのを「よろい」で防いで、体内にキープしているってわけ（水をやるのは月に１回でいい）。さらに、サボテンは葉っぱをトゲのようにすることで、水分が蒸気となって外へ出ていくのを防ぐとともに、動物を遠ざけておくことができる。さわると、イタタってなるもんね。

1　植物って何者？

2 どんなふうに生まれて育つの?

　植物は、人間の手なんて借りなくったって、自分たちの力で種子(タネ)や胞子をまいて、根づいて、増えていく。

　放たれた種子や胞子のすべてがうまく根づくわけではないけれど、そんなことではへこたれない。むしろ、さらに知恵をしぼって、植物はユニークな進化をとげていく。

　きみも、植物の種子を見たことはあるよね。スイカだったら、きみがプッて吐きだしてるやつだよ。もしスイカを食べても見つからないとしたら、それは人間がつくりかえたタネなしスイカだ(なんでそんなことをしたのかって? それは9つめの疑問でくわしく話すよ)。

　では、種子と胞子の違いについて話そう。胞子はコケやシダなんかが持っているもの。種子よりも小さくて、いつも「スタンバイ」状態でいる。気温や湿度がちょうどよくなってくるまで、つまりべ

15

ストなタイミングがくるまでは、胞子はずっと眠っているってわけ。そして、いまだって時がきたら……ポン！ と目を覚まして、自分が生まれたのとだいたい同じ植物になっていくんだ。

休眠期間があって、だいたい同じ植物を生みだしていくっていうのは、種子も同じ。ただし、種子のほうが、休眠期間が長くても発芽することが知られている。種子は果実のなかにあって、外側はだいたいが薄い皮で守られているよ。そうだな、つまり、種子はペタペタと切手を貼った封筒に入っているようなもので、旅立ちの時を待っているんだ。

旅する種子たち

クワの実って食べたことある？ 野生のサクランボはどう？ ビワは？ え、ない？ だったら、いますぐ散歩にいっておいで！ 近くでも見つかるんじゃないかな。

たとえばサクランボを食べると、種子が残るよね。家にいるんだったら、ゴミ箱行きだ。でも、もし森のなかなら、そのまま地面に吐きだしちゃえ。そこの土がいい感じなら、サクランボとしては、してやったりさ。だって、きみに新しい命をまいてもらったわけだから。そして、もし種子のまわりに果肉が少しでも残っていたら、その種子にとってはとりあえずの栄養分も確保できているってことになるね。

こんなことを、たくさんの人間がやるし、ほかの動物たちも同じ。たとえばカケスって鳥は、ドングリに目がない食いしん坊。いっぱい食べて、消化するんだけど、消化しきれなかったぶんは……、そう、うんちとして出す。カケスはドングリを見つけた場所から何キロも離れた場所まで運ぶこともあるんだ。こうして、種子は旅をする。

　リスもおもしろいぞ。リスはクルミやドングリをいくつもの保管場所（だいたいは住んでいる場所から10メートル以内）に隠しておくんだけど、その場所をしょっちゅう忘れちゃうんだよね。そしたら、種子はそこでそのままうっかり育っちゃうことになる。

　果実を爆発させて、中の種子を飛ばしちゃう植物もいるよ。ホウセンカは果実がパカッと弾けて、まるでパチンコみたいに中の種子を飛ばす。あと、野生のスイカは、なんと6メートル以上も種子を飛ばすことができるんだって。

2　どんなふうに生まれて育つの？

高く堂々とそびえる木は、種子を高いところから落として、あとは知らんぷり。クリの木は、枝からイガグリを落として、地面に転がしておく。イガにはたくさんのトゲがあって、食いしん坊の動物たちを遠ざけつつ、種子をイガで保護しているわけだね。マツの木の松ぼっくりも似たようなものだよ。

　もっと低い木の場合だと、そばを通りかかる生きものに果実を引っつけるパターンもあるぞ。ゴボウもそう。果実についているたくさんのイガのフックで動物の体毛（あるいはきみのお気に入りのセーター）にしがみつくのさ。どこで振りおとされるかは、運まかせだね。

　水に強くてプカプカ浮かぶ果実や種子もあるぞ。ココナッツなんかがそうで、水の流れに乗って旅をする。何か月も水に浸かったままでもだいじょうぶだから、中に栄養たっぷりの種子や水分をキープしたまま、海を越えていくことすらできるんだ。

　さらに、パラシュートやグライダーみたいに、空を飛ぶ作戦に出る果実や種子まであるぞ。風が吹いてきたら、出発！　果実や種子はさよならを言ってつぎつぎに枝から離れていく（ゴー、ゴー、ゴー！）。

　タンポポが、まさにそれ。タンポポの綿毛に息を吹きかけたことはあるよね？　あのフワフワは、専門的

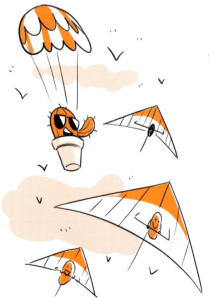

には冠毛ってよばれるものなんだけど、あれを見てフーッてしないわけにはいかないよね。

　ちなみに、タンポポって、葉っぱがギザギザしているから、国によっては「ライオンの歯」ってよばれるって知ってた？　日本では、鼓草（ツヅミグサ）ともよぶんだ。

とんでとんでとんで　まわってまわってまわる

　カエデの果実なんかは翼果といって、風を受けるための翼みたいなものがついている。この翼果は、落ちるときにくるくる回ってスピードを抑えることで、ちょっとした空気の流れにも乗っかって、あわよくば何百メートルも滑空しようとするんだ。

　これがあまりによくできているもんだから、飛行機が開発されはじめたころは、プロペラの設計に翼果の構造がそのまま採用されたくらいさ。

　トネリコやニレの木も、空中作戦を展開してきた植物なんだけど、そのことに最初に気づいたとされるのがレオナルド・ダ・ヴィンチだ。彼はそうやってヒントを得て、たくさんの空飛ぶ機械の設計図を考えていったんだよ。

ぼくら胞子の子どもさ

　コケは見たことあるよね。あれはぶっとんだ植物でさ、根っこじゃなくて、葉っぱから直接、雨や朝露なんかの水分を吸収できるんだ。コケがよく生えるのは、雨がたくさん降って水の多い場所だよ。
　ぼくたちが目にしているコケのからだは、配偶体とよばれ、オスとメスがあるんだけど、同じ種のものはどれも同じように見える。コケ植物では、オスの配偶体の精子がメスの配偶体の卵子に届いて受精することで受精卵ができ、それが分裂して成長していく。このコケの赤ん坊（胞子体）は、成長すると、たくさんの胞子をつくり、外にまき散らす。そして、その胞子はどこかにくっつき、そこで発芽して、新しい配偶体として大きくなっていく。そうやって、親とそっくりな配偶体が、いろんな場所でどんどん生まれていくんだ。
　シダも同じしくみで、どちらも最古の植物の仲間なんだ。シダってわかる？　アドベンチャー映画で探検家たちがジャングルを歩きまわってるときに、道をつくるためにナタかなんかでかき分けてる植物があるだろ？　茎が長くて葉っぱがすごくでかいやつ。あれだ

よ。シダ植物は、胞子でどんどん増えるから、豊かさや幸運のシンボルだと考えられているよ。

それから、種子や胞子がなくても、次世代をつくっていくことができる植物ってのもいるんだ。

親となる植物の枝を切って、水や土に挿しておくだけでオーケーってのがいるんだよ（そういうのを挿し木ってよんでるよ）。スライムみたいなものを思いうかべるかもしれないけど、どんな切れっぱしからでも再生するのが、ほんとうにいるんだ。たとえば、バオバブとか、バナナとか、イチイってのもそう。イチイは、パッと見た感じはよじれてカピカピになった小さなマツみたいだけど、もしかしたら数千年前からそこにいたのかもしれない。

花は開いてなんぼ

花のない世界なんて想像できる？　そんなのムリだよね。花がなかったら、親戚のおばさんの誕生日に、何をプレゼントすればいいのさ？　あと、きみの蹴りそこなったボールが窓を粉々にしてしまってご近所さんに謝りにいくとき、何を手渡せばいいのさ？

花はすばらしいよ。香りもいいし、色も鮮やかだ。でも、植物にとっては、あの美しくてやわらかい花びらはなんのためにあるんだろう。

花びら（花弁）は、もともと葉っぱが変形したもので、はっきりくっきりとした色がついている。だいたいは複数の花びらが左右対称の輪をつくるように集まっているから、そのまとまりを「花冠」、つまり花のかんむりってよんでいるよ。花びらが開くことで、かんむりを完成させて、花はその美しさを見せつけているのさ。

2　どんなふうに生まれて育つの？　21

バオバブ――スポンジの木

　バオバブの木って、『星の王子さま』に出てくるよね。それとも、ネイチャー系のドキュメンタリー番組や映画で見たことがあるかな。アフリカのバオバブは、「猿たちのパンの木」とよばれていて（きみがパンを食べるみたいに、猿たちはバオバブの実を食べているんだ）、その高さは20メートルにも達する。幹の内側には、雨が降ったときに吸いあげた水が蓄えてあるんだけど、そんなに雨が降らないアフリカでは、のどがカラカラになった象が、何度も頭突きを食らわしたすえに幹をパックリと割って、そこにたまった水を飲もうとすることだってあるくらい。

　でも、たとえそんなことがあっても、バオバブは死なない（そりゃ、喜んではいないだろうけど）。バオバブは、どんなに傷ついても、たとえば、燃えたり、倒されたりしても、生きつづけることができるんだ。へこたれないんだよ。そんな調子だから、アフリカのいくつかの地域では、バオバブは神格化されていて、枯れるとお葬式が挙げられるんだ。

　信じられないくらいにりっぱで威厳のある木だってことで、『進化論』で有名なあのチャールズ・ダーウィンも、1832年、カーボベルデっていう国ではじめて見たときには、興奮したんだろうね、樹皮に自分のイニシャルを彫りこんだらしいよ。それは推定樹齢が6000年以上っていう巨大なバオバブだった。ダーウィンと同じように、16世紀から17世紀にかけて、セネガルを訪れたヨーロッパ人がバオバブの樹皮に残した名前は、いまでも確認することができる。まったく、見えっぱりな連中だ！

それで、花びらは何をするんだろう？
　役割はふたつある。花びらの真ん中にある花粉と胚珠（受粉後に種子になる部分）を守ること。これがひとつめ。花粉は明るい黄色か茶色をした粉で、虫たちにとってはすごいごちそうなんだ。栄養いっぱいで、おいしい。花の蜜もそうだけど、ミツバチの働きバチは、花粉もいっしょにせっせと集めて巣に持ちかえって、それが激ウマなはちみつの材料になる。

　花びらのふたつめの役割は、その色と香りで、できるかぎりたくさんの虫たちをひきつけること。ミツバチ、チョウ、ハナムグリ、ハエなどなど、受粉の役に立ってくれるような虫なら、とにかくなんでも呼びよせたいんだ。

　虫からしたら、どこのピザ屋さんに行こうかなっていう感じかな。お店を選ぶ理由って、いろいろあるよね。でも、いったんお店に入ったら、とにかくピザを食べる。それと同じさ。いろんな花があるし、ひかれる理由もいろいろだけど、虫たちも、いったん花びらに入ったら、とにかく花粉を食べる。

　ミツバチと花は、こんなふうに昔からなかよくやってきた。

16世紀の終わりごろ、アンドレア・チェザルピーノという博士が、植物には性別がある、つまりオスとメスがいると見ぬいた。だけど、その大発見を時のローマ教皇・クレメンス8世に報告するなんてできなかったらしい。「そんなわけあるか、バカもん」って怒られるんじゃないかとビビっちゃったからさ。なにしろ、地動説など、教会の考えとは違うことを訴えた元修道士で学者のジョルダーノ・ブルーノが火あぶりの刑になって殺されていたぐらいだからね。

そんなためらいはあったものの、とにかくチェザルピーノの観察と分析は正しかった。花というのは生殖器官であって、メスの花（雌花）とオスの花（雄花）があるんだ。花粉はかならず雄花にあり、虫のハネや甲に引っついて、カップルとなる雌花のところへと旅をし、うまくいっしょになれば、受粉して実をつけるってわけ。

植物によっては、オスとメス、ふたつの性がセットになった花を咲かせて、なにもかも自分だけでやっちゃえるようになったものもいるんだけ

花は生殖器官であり、メスの花とオスの花がある

ど、そうでないかぎりは、虫の助けを借りて愛しあう。でも、ラブラブな植物の「おじゃま虫」にはどんなメリット、得（とく）があるんだろう。

サクッと言っちゃえば、おいしくておいしくてたまらない、あのお菓子（かし）みたいな蜜（みつ）を食べられるってこと。それに、花粉をからだに浴びるのも気持ちいいんだ。

> **数字の話**
>
> 花を咲（さ）かせる植物は、（いまわかっているだけで）少なくとも29万種（しゅ）ある。そのうち、なんと7万種は、3つの「科（か）」に属（ぞく）してるんだ。ラン科、マメ科、そしてキク科。どれだけいとこがいるんだっていう話だよね！

植物は花の香りや色で「おいでおいで」と虫を引きよせるわけだけど、なかにはもっと大胆不敵（だいたんふてき）なのもいるぞ。たとえばスズランなんかは、クラクラしちゃうほど強烈（きょうれつ）なにおいのする液体（えきたい）で虫を酔（よ）わせてしまう。虫は酔っぱらってフラフラするから、花粉がべっとりからだにつくことになる。ラベンダーのにおいもまた強烈で、近くを飛んでるチョウやハチが一匹（びき）残らずおびきよせられちゃうくらいなんだ。

こう考えておこう。きみにとってのきれいなお花畑は、虫たちにとってみれば、デパートのでっかいスイーツ売り場みたいなものなんだって。

> ぼくがさきに来たんだぞ！

> 違（ちが）う、オレがさきだ！

2 どんなふうに生まれて育つの？　25

3 植物も話をする？

　　植物もおしゃべりをするのかって？　もちろん、そうだよ。でも、まだまだよくわかっていない謎めいた方法でコミュニケーションをとっているみたい。

　情報交換してるかとか、ムダ話だってするのかってことはわからない。きみのクラスにもいるような、話のうまいやつがいるのかどうかもね。

　でも、どうやら話はするみたいなんだよ。

　好きな話題はといえば、イギリス人や日本人と同じで、天気のことさ。天気がいいとか悪いとか、とくにこれからどうなるだとか。あとは、水のこと（どこに水があるのか、どこの水がうまいのか）や、動物の情報（どの動物がうっとうしいとか、つきあいやすいとか）も話題になる。

ときにはケンカをすることだってある。反りがあわないと、ののしりあって、やがて戦争にすらなる。すると、勝ったほうが生きのこる。それはもはや、遊びやゲームではない。

　とはいえ、たいていの場合、植物は基本的には同じ仲間じゃないかってことで、とくに似た種類どうしはなかよくやっているよ。研究者によって意見の違いはあるけれど、あるていどは「家族として」助けあっているみたい。

　ほんの数年前まで、植物については、植物学、森林学、農業経済学といったさまざまな分野の専門家たちが、それぞれべつべつに研究していた。それがここ最近は、専門家たちが、必要なお金と時間や場所をもちよって、いっしょに研究するようになっている。これはとても大きな変化なんだ。ひとりひとりバラバラで学ぶより、みんなでいっしょになって学んだほうが、ぜったいに発見は多いだろ？

くさいにおいで話す植物

　においはたくさんのことを伝えるもの。人間が出すにおいもそうだよ。興奮したり、病気になったり、うれしいなって喜んだりするとき、からだはにおいを変化させる。

　植物の場合だと、花がにおいを出すのには理由があったよね。虫を寄せつけたり、逆に追いかえしたりするためだ。じつは、においを出す相手は虫だけじゃない。アフリカの大地に生えるサバンナ・アカシアの葉っぱは、キリンが食べようと近づいてくると、たった

べ〜

くんくん

10分以内に、キリンの大きらいなにおいの成分（エチレンガス）を生みだして、空気中にシュシュッと噴射するんだ。そうすることによって、100メートルぐらいの範囲にいるアカシアの木すべてに、「危ないぞ〜、キリンが来るぞ〜」って知らせるんだ。一種のサイレンだよね。となると、かわいそうなキリンはどうすると思う？ 100メートル以上離れた、まだ危険信号が出されていない場所へ移動するのさ。

電気ビリビリの植物

　植物がしゃべるもうひとつの方法は、弱い弱い電気信号を使うというもの。ぼくたち人間も、筋肉を動かしたり、指をどこかにぶつけたり、あるいは何かアイデアがひらめいたりしたときに、からだに電気が流れるんだけど、それよりももっと弱い電気で、人間には感知できない。

　たとえば、ブナ、モミの木、カシ、ナラといった植物の共通の敵は、葉っぱをもぐもぐ食べる、おなかをすかせた毛虫や芋虫。とりあえず、食いしん坊の芋虫とよんでおこうか。食いしん坊の芋虫がエサとなる葉っぱに近づくと、その葉っぱは電気信号を発する。その信号は1分に1センチのスピードで（うん、かなり遅いね）、ゆっくりゆっくり伝わっていくんだ。しばらくすると、食いしん坊の芋虫が来たってことを木全体が理解して、そいつを追っぱらうために、

イヤなにおいの成分をつくりだしていく。

　それと同時に、それらの木々は、ある小さなハチにとってはたまらなく魅力的なにおいも放つんだ。そのハチの名前がまた超ややこしくて、たとえばカリヤサムライコマユバチっていうんだけど、このハチは、なんと、食いしん坊の芋虫のからだに直接卵をたくさん産みつけちゃうんだよ。卵がかえるとどうなるのかってことは、想像したくないよね。うん、なかなかに気持ち悪いことになるけれど、植物はこのハチを呼びよせて芋虫を退治してもらっているんだ。

地下で信号を送る植物

　植物のなかには、どうやら地下を伝わる信号を出すものがいるらしい。「らしい」って書いたのは、これが最先端の研究で、いまもまさに研究が続けられているものだから。根っこがきしる音を記録できた研究者もいて、それは220ヘルツの音なんだって。きしる音を立てる根っこだよ。

　なんでそんなことするのかって？　それはまだわからない。でも、その音に反応する根っこもあるみたいで、音のする方向に伸びていくようすが観察されているらしいよ。

　根っこどうしが、声をかけあっているのだろうか。そうかもしれないけど、いまのところ、これは仮説にすぎない。だいたい、木の下の小さな音を計測するっ

てことが、まったくもってかんたんではないから、研究するのがたいへんなんだよね。

　いまたしかにわかっているのは、同じ種類の木が、地下で根っこを通じて栄養素をシェアしているってこと。そんなふうにして、自分だけではやっていけなくて困っている仲間に手を差しのべながら、木というのは助けあっている。でも、なんでそんなことするんだろう？　友だちだから？

　それもある。だけど、森のなかでは同じ種類の植物がたくさん集まっているほうが、ほかの植物に太陽の光を奪われる心配が少なくて住み心地がいいから、それで協力するってこともあるぞ。空いた場所があったら、どんな植物に埋めつくされるかわかったもんじゃないからさ。

持つべきものは友と……きのこだ！

　森にはほかにも、なにもかも特別な生きものがいる。なんと、違う種類の仲間と連絡をとりあうことができて、まわりでいま何が起きているのかを伝えられるんだ。そして、食べるとむちゃくちゃうまい。リゾットなんて最高だ。そう、それはきのこ。

　きのこは植物でもなければ動物でもなくて、まさにその中間のような存在だ。たいていはキチンという、昆虫の外骨格と同じ物質でできているよ。ぼくたちの

> **きのこは植物でも動物でもなく、その中間のような存在だ**

3　植物も話をする？　　31

森のインターネット

より早く情報を伝達するために、森はきのこを利用する。きのこには菌糸とよばれる、長くてびっしりと張りめぐらされた根っこがあるんだ。森の土をスプーンいっぱいすくったら、そこにはなんと数キロメートルもの長さの菌糸がある。それをインターネット回線みたいに活用して電気信号を送れば、木よりも10倍は速いんだ。

ジジジジ　ジジジジ

　骨と似てはいるけど、もっと軽くて、小さな穴がたくさんあいている感じ。

　きのこは自分では動けないから、動物とはいえない。でも、光合成ができないから、植物とも違うんだよね。

　きのこは、自分たちだけでは食べていくことができないんだ。栄養分を手に入れるためには、自分のまわりの植物や地面から奪いとらなくちゃいけない。きのこは、枯れた植物、死んだ虫、落ち葉なんかを分解して食べている。行動にまったく迷いがないきのこもいる。樹皮の割れ目を見つけたら、自分の小さな菌糸をシュッとそこへ差しこんで、その木の硬い皮のすぐ下を流れている液状の栄養分をチューチュー吸いあげていく。また別のきのこは、交渉みたいなことをやってのける。「もしあんたが何か食べものをくれるってんなら、高性能を誇るオレの菌糸ネットワークを、お友だちとの情報交換に使ってもらってもかまわないぞ」ってなぐあいさ。世渡り上手だよ、まったく。

　それにしても、きのこと木はどうやってこんな約束をしているん

だろう。そして、なぜ、カシやナラみたいにきのことうまくつきあう木と、あまりつきあいがない木があるんだろう。こうしたことは、まだわからない。カシの木やナラの木は気前がいいのかもしれないね。あるいは、単純に、森のなかのウワサ話が気になってしかたないのかも。「おい、あっちのドングリはどうなんだい？」とかさ。

　ま、想像はこのくらいにして、そろそろつぎの疑問にいこう。

3　植物も話をする？

4

植物って動くの？

　顔をぶたれたくなかったら、あの枝には要注意だぞ。植物が動くのは、風が吹いたときだけじゃない。もちろん、自分でも動くんだよ！

　『ロード・オブ・ザ・リング』に登場する歩く大樹のエントとか、植物の王国が人類を世界から排除するようなホラー映画とかもあるけれど、そういうファンタジーのまえに、まずはお父さんがベランダや庭に植えた植物を観察してみよう（え？　植わってない？　だったら、植えさせちゃおう。世の父親ってのはみんな、植物を植えるもんだって本にも書いてあった、とかなんとか言ってね）。

　植物は、光や水、栄養を求めて自分で動いている。きみだって似たようなことをやってるよね。おなかがすいたとか、のどが渇いたとか、暑いだの寒いだの言いながら、足を動かし、腕をのばしては、サンドイッチやら飲みものやらエアコンのリモコンやら毛布やらを

ゲットしようとする。植物は向きを変え、身をよじりながら成長して、枝を伸ばし、葉っぱや茎、その他なんでもぐるりとめぐらせ、お目当ての方向を向こうとする。

はっきりさせておきたいのは、あれは楽しいからやっているんじゃないってこと。植物はのんびり屋に見えるかもしれないけれど、「屈性」とよばれるこうした軌道修正をかれらなりのスピードでやっているのは、あくまでも生きのびるためなんだね。

歩くヤシの木

　動く植物のなかでも、ソクラテア・エクソリザというすごく特別な木がある（「歩くヤシの木」なんてあだ名もある）。アテネの街を歩きまわりながら自説を説いた古代ギリシャの哲学者、ソクラテスからその名前がつけられたんだ。

　このヤシの木は熱帯雨林に暮らしていて、高さは25メートルにもなる。ふつうの木と違うのは、幹が、地面の近くでたくさんの根っこに分かれていること。そいつがまるで足のようなかっこうでからだを支えているんだよね。根っこは光を求めて育っていって、陰になっている部分は枯れるか腐っていく。そんなふうにして、ソクラテアの木は、1年に1メートルぐらいの速度で、とてもゆっくりと、少しずつ場所を変えていくんだ。そう、たしかにスプリンターではないだろうけど、ウサギとカメの昔話のカメのように、しっかりと歩いているんだね。

ゆっくり進むヤツのほうが……

動かしたいんだ！ 動かしちゃえ！

　植物の動きを分類したのは、進化論のチャールズ・ダーウィンと、その息子のフランシスだった。

　植物の動きっていったって、根っこみたいに、外からは見えないものもあるわけだ。根っこってのは、冒険家そのもの。いつも水や栄養分を求めて活動しているからね。地下でのことはぼくらには何も見えないけれど、根っこはうまく育つものもあれば、枯れちゃうものもあるし、行き場を失ってしまうものもある。

　もうひとつ、植物の動きでとりあげておきたいのは、外からの刺激への反応だ。光の降りそそぐところがあれば、植物の茎はそっちへどんどん成長していく。こうした現象のことを、ダーウィンは「光屈性」と名づけた。風がビュンビュン吹きまくるところなら？木は風をもろに受けないようにからだを曲げていく。

ダーウィン一族と植物

チャールズ・ダーウィンの祖父のエラスムスは、18世紀の終わりに、植物の恋愛について書いた詩で有名になった人なんだ。そしてチャールズの息子、フランシスは、世界的に有名な植物学者だった。1880年には、チャールズ父さんといっしょに、外部からの刺激に対して植物がどう反応して動くかということを本にまとめた。さらに1908年には、植物に原始的な「知性」が備わっていることを明らかにしたよ。

「原始的」ってなんだよ？ごあいさつだな。

4　植物って動くの？　37

光を求めて動く

　植物がふり向いたりするのは、光をつかまえるためなんだ。

　たとえば、ヒマワリ。まだ若くて、からだがやわらかいときなんてとくにそう。一日中、あの黄色くて美しい頭をぐるぐる回転させて、東から西へ、太陽の動きにあわせて、その光をあますことなくとりこもうとしているんだね（ヒマワリの学名はヘリアントゥス・アヌスといって、「一年草の太陽の花」って意味だよ）。

　では、夜はどうしているかっていうと、ぼくたちの知らないうちに、ひっそりともとにもどっているんだ。

　太陽や光っていうのは、つまり食べものってこと。ひまわりは、食べものがほしいから、こんなふうに動くんだ。

　そのやり方が、ちょいと複雑だ。ヒマワリは、新しい芽を出すのに役立つ、オーキシンという成長ホルモンをどっさりもっている。光があまり届かないと、若いヒマワリはそのオーキシンをドバドバと生みだして、からだを大きくして、光に向かってぐるぐる回ろうとする。オーキシンのおかげで、動いているんだね。

水を求めて動く

　植物が動くのは、光を求めてだけじゃないぞ。植物の根っこは、水がある場所を感じとり、水を求めて、その方向へ伸びていく。

　さらに、そうだな、こんなことを想像してみて。植物を逆さまにひっくり返すとしよう。何度も。そのたびに、茎はめげずに上を向いて、また伸びはじめるだろうし、根っこは地面に向かっていく。

　森のなかで倒れてしまった木を観察してみると、上向きの樹皮からは新しい枝が生えて、下側からは根っこが出ているのがわかる。もっとはっきりわかるのは、トウモロコシ畑とか竹林だよ。強い風になぎ倒されたって、こうした植物は何日かすれば、またまっすぐにもどっていたりするもんだから。

ボルボックス、植物界のスイマー

　根っこがなかったら、どうしよう？食べものを求めて、なんとか自分で動く必要があるよね。

　そんなことをやってのけるのが、SFみたいな水生植物、ボルボックスだ。かれらのいとこにあたる海藻みたいに流れに身をまかせるんじゃなくって、タコの足に似ているけどもっともっと小さな鞭毛ってやつのおかげで、自由に動きまわることができるんだ。さ～て、うまいものを探しに、どこへ行こうかな～。

今夜は魚の塩焼きといこう！

ことばさえ話せれば、もはや人間

　Tシャツの首もとから氷を入れられたら、どうなる？　まずまちがいなく、きみは驚いてピョンピョン飛びまわって、その氷をとりだそうとするだろうね。

　植物のなかにも、冷たいもの、イヤなものを「感じて」、すぐに反応して動くのがいる（この性質を「傾性」というよ）。

　たとえば、オジギソウという草がある（学名はミモザ・プディカといって、「内気なミモザ」っていう意味）。これはもともと中南米によく見られた植物なんだけど、さわってみるとおもしろいよ。シュッ！　葉っぱがすぐさま閉じちゃうんだ。

　なんで？　それは、まずもってこの植物がはずかしがり屋で、そっとしておいてほしいからだ。そして、きみがさわったことで危険を感じたんだ。さわられたと察知するやいなや、オジギソウの運動細胞は、すべての葉っぱの水分を一瞬にして排出する。空気を抜くような感じで、自分の身を守るために葉っぱを閉じてしまうんだ。

人間のことばを使わないだけで植物は人間とそっくりだ

　さわるとひどい目にあう植物もいる。だって、攻撃してくるものもいるんだから。

　食虫植物は見たことある？　近寄ってきた動物をおそろしいワナでつかまえて、食べてしまうんだ。だいたいは、うかつな虫がその犠牲者になるんだけどね。

　食虫植物のなかには、ダーウィンが「世界でいちばん見てお

もしろい植物」と言ったハエトリグサ（学名：ディオナエア・ムスキプラ）がいる。

　葉っぱは、どう見ても歯をむき出しにした口だよ。アニメなんかで見たことがあるかもしれないね。

　ハエトリグサはその場にじっとしたまま、いいにおいのするあまい蜜を１、２滴、必要なぶんだけ出して、虫をおびき寄せる。ふらふら近寄ってきたあわれな虫が葉っぱにとまると、感覚毛という鋭いトゲがその重みを感知して、バネの留め具をはずすような感じで虫をつかまえてしまう。

4　植物って動くの？　41

おいしい虫を動けなくさせてしまったら、もう離さない。完全に消化してしまうまで、葉っぱは閉じたまんま。なんと消化に1か月もかけることもあるんだ。食事が終わると、またはじまる。葉っぱをもういちど開いて、うっとりする香りと蜜を出して……、さてさて、おつぎの犠牲者がやってくる。

ことばこそ使っていないけど、まるで人間みたいだろ？

寒がりの植物

傾性の引き金は、タッチされることだけではないんだ。はずかしがり屋のカタバミなんて、雲が太陽を隠すだけで葉っぱを閉じちゃう。雲がまばらになって晴れてくると、また葉を広げて日光浴を楽しむ。その愛らしさと上品さときたら、まるでオードリー・ヘップバーンだよ。

大きくはならない。ぼくはよじ登るんだ

つるってわかるかな？　ジャングルで枝からぶら下がっているひもみたいなものを映画なんかで見たことがあると思う。

アサガオとか、フジとか、ブドウとか、自分のからだを支える幹

を持たない植物もいる。そういう植物は成長するにつれて、何か支えになるものにつるを巻きつけてしがみつく。支えになるものはいろいろ。ほかの植物でもいいし、岩でも、人間がこしらえたものでもかまわない（ブドウ畑の柱や棚、フジ棚なんかを見たことない？）。

　何かにしがみついたあと、どこへ伸びていくか、そういう植物はどうやって決めているんだろう？　それはね、こっちだよと人間にガイドしてもらうこともあるし、植物が自分で決めることもある。偶然に左右されることもあれば、植物がぜったいにこっちだと頑固に決めてかかることもあるんだ。

　植物のはしっこにある、細くて小さなつるは、360度、まるでカウボーイの投げ縄みたいに自由自在に動ける。そうやって、まわりにどんなものがあるかを探るんだ。何かじょうぶなものがあるってことがわかったら、つかまれないかと期待して、ピョンと飛びはねる。いつもうまくいくわけじゃないけどね。

　ただ、こうしたつる性植物にしがみつかれる木にしてみれば、かならずしも喜ばしいわけじゃない。それが、まさにつぎの疑問へとつながっていくぞ。

5
植物は、みんななかよし？

木ってさ、あんなにゆったりしてて、静かで、威厳があるのに、ケンカするとかモメるとかって、あるのかな？　まあ、スピノザくんみたいなサボテンは、なんとなく性格にトゲがありそうだよね。でも、草はどう？　木なら、ボダイジュは？　ポプラは？　いやいやいや、ケンカなんてするわけ……あるんだよ、これが。

植物は、ケンカするし、戦う。それも、きみが想像するよりももっと激しくね。

でも、なんのために？　さっきのファウルはPKだろうって、サッカーの判定についてモメるとか？　あるいは、天下一武道会みたいなのがあって、だれがいちばん強いのか決めてるとか？

違うね。植物の競争は、きまって光と水を確保するためにおこなわれる。光と水のあるところにさきにたどり着いたほうが勝ちだ。そして2番手は、だいたい死んじゃう。

45

変わらないために、すべてを変える

　ダーウィン一族の研究によれば、ある生物がほかの生物をさしおいて生きのこることができるかどうかは、意外と小さな違いにかかっているらしいんだ。これはぼくたち人間もそうだし、植物にもあてはまる。ほんの少しでも優位に立てるような違いが、ライバルに対する強みになりうるんだね。

　きみがいま目にしている植物は、その先祖にくらべれば、何十万回と変化をしたあとのもので、すっかり別ものになっている。ぼくたちが見ているのは、その変化をとげた植物だけなんだよ。

　生きのこっていくために、多くの植物はグループをつくる。群れると言ってもいいくらいだね。

　たとえば、みんなでいっせいに花を咲かせる植物がいる。タイミングをあわせることで、できるかぎり大量の花粉を同時に行きわたらせ、たがいに混じりあう可能性を高めているんだ。変化が強みになるってことを、植物はよくわかっているんだね。

世界一ひとりぼっちな木

ニュージーランドの南にあるキャンベル島に生えている、高さ10メートルにもなるシトカトウヒの木。この木は、もっとも近い木、つまりご近所さんまで、なんと220キロ以上も離れてる。なぜかっていうと、この場所をその木が選んだんではなくて、とある研究者が、ここまで来ましたっていう記念に植えたんだって。

ほかの植物に対して、先手を打つ植物もいるよ。春に森を歩けば見つかると思うけど、地面に近い低いところには、たくさんの小さな植物が、みんないっせいに花を咲かせている。それは、上の木が葉っぱを伸ばして太陽の光をひとりじめしてしまうまえに、超特急の速さで咲かせているんだ。

　同じように、カシの木はドングリをみんなでいっせいに落とそうとする。ドングリってのは、イノシシやシカの大好物なんだけど、食べる量には限界がある。だけど、もしカシの木がてんでばらばらのタイミングでドングリを落としたら、森の動物たちはいちいち食べつくしてしまうかもしれない。でも、「せーの」でドングリを落とせば、森のそこらじゅうがドングリだらけになるわけだから、通りかかった食いしん坊の動物でも、食べのこすことがあるってことだよね。
　こうした行動には、ある種の社会性と助けあいが必要になるわけだけど、森によそ者が現れ、その強烈なライバルが相手となると、そうも言ってられないこともある。そんな森の掟も見ておこうか。

5　植物は、みんななかよし？　　47

森の掟――おまえの死はオレの命

　植物がライバルの存在に気づくのは、それまで浴びていた光の量がそいつの出現によって減ってしまったとか、光の当たりぐあいがそいつのせいでどうもこれまでと違うなとか、そういう被害が出てからなんだよね。ほかの植物の葉っぱにさえぎられて、浴びる光の量が減ると、それまで日光からつくりだしていたエネルギーの量にブレーキがかかってしまう。

　こういうときに植物がとる行動には、3つのパターンがある。その1、変化を大目に見る。その2、栄養のとり方を自分で変えていく。減った光の量をおぎなうために、別の方向に伸びていくとかしてね。その3、競争相手を出しぬこうとする。ライバルよりも上に枝葉を伸ばして、光をかすめとろうとしたりね。

　でも、いちばんいい解決法を、植物はどうやって選んでいるんだろう。それはね、あるていどは植物の性格によるんだ。キジムシロみたいにかなり攻撃的な植物は、そばにいる敵がどんなタイプなのかを見きわめて自分から打って出ることができるし、おとなしめの植物は、自分だけでこっそり解決するのが好みだったりする。

　何百年も人の手が入らないままのとても古い森は、だいたいが同じ能力をもつ木ばかりが生えている。その木がそのエリアを征服できたってことだよね。もっとはっきり言っちゃえば、その種の木が競争相手を絶滅させたってこと。

　そういう森には、掟みたいなものがある。仲間の木どうし、きちんと整列して、生きていくのに必要な場所をどの木もキープしつつ、ちゃんとした高さと広がりをもてるようにしているんだ。そうすれば、みんながどこでものびのびと枝を広げられるもんね。

　でも、たとえば、同じ種子から2本の小さな木が生えてしまった

としよう（そんな人間の双子みたいなことが起こることもある）。または、ふたつの種子があまりに近い場所でそれぞれ成長したとする。光をめぐって競争になるだろうね。上にとなりの木の枝があれば、細い枝が折れちゃうような雪が積もるのは避けられるけれど、日当たりが悪くなって光合成がしづらくなるのも困る。森のさだめとしては、どちらかが貧乏くじを引いて枯れてしまうことになるんだ。

マツ林に行ってみる機会があれば、上を見てみるといい。マツの木はそれぞれとなりあって生えているのに、だいたいの場合、木々の葉っぱは触れあっていないはず。まるでおたがいに気をつかって触れあわないようにしているみたいだ。これを「樹冠の遠慮」っていうよ。この現象は1920年代には観察されていて、50年代にはマックスウェル・ラルフ・ジョーンズという植物学者によって、とくにユーカリのケースについて研究が進められた。さらにあとになると、フランスのフランシス・アレという植物学者が、こうした遠慮というのはどんな植物にも見られるものだという説を発表した。

ただ、いまでも、なぜそういうことが起きるのかはよくわかっていない。木によっては、葉っぱどうしでコミュニケーションをとっているのかもしれないね。空気や光を分けあったり、害虫が枝をつたって行き来できないように協力したりしていると考えることもできるだろう。

とはいえ、すべての植物が、仲間どうし距離をとって生きているわけではないよ。たがいに支えあえるように、そして風や雪から身を守ることができるように、枝と枝をぐるぐるからませあう木もいるからさ。

復活植物

植物にとって、吸収した水は、とても貴重なものになる。アラビア半島原産のジェリコのバラ（学名：アナスタティカ・ヒエロチュンティカ）という植物は、乾燥するとくるくると丸まって、ついにはまるで毛糸玉のようになる。でも、ほんのちょっとの水さえあれば、新しい葉を出して、みごとによみがえってしまうんだ。

似たようなことをする植物が、アメリカのカリフォルニアにいるぞ。テマリカタヒバ。またの名を復活植物という。こいつは枝を丸めて死んだふりをして、そのまま何年も耐えることができる。

アフリカ大陸の南西部には、リトープスという石ころみたいな植物がいる。ぷっくりした葉っぱは灰色で、形がヘンテコで、びっくりするくらい小石にそっくり。ほんとうに小石と区別がつかないくらいなんだけど、もちろん小石とは違う。だって、雨が降ると、その小石から、黄色やオレンジ色などの、超カラフルなでっかい花がお目見えするんだから。

その棒をブスッと刺してみろよ。そうすりゃ、こいつがマジで死んでるのかわかるだろ

おたがいに助けあうタイプの植物は、だいたいにおいて水の管理がじょうず。水がいちばん大事なものなんだね。

　木にとってこわいのは、おなかがすくことよりも、のどが渇くこと。おなかを満たすのは、とりあえず毎日何時間か日に当たれば、それですむ。でも、もし水分が少なくなったら、それはもうほかにどうしようもないんだもの。

森の冬支度

　夏が終わりにさしかかると、森は「季節が変わるぞ」と連絡をとりあって冬支度にとりかかる。カレンダーがどこかに貼ってあるわけでもないのに、森は「いまだ」っていうタイミングを感じとって、落葉樹（黄色とか赤とか茶色とか、紅葉してめちゃくちゃきれいに色づくやつだね）は葉っぱから葉緑素（クロロフィル）を引きあげて、葉っぱをハラハラ落としていく。さらに、冬になってからだが凍りついたりしないように、水分を樹皮からもっと奥の奥までためこんでおく。その作業が終わると、木は冬眠状態に入るんだ。

　木はそういう季節のサイクルをくり返して生きているわけだけど、何年ぐらい生きるのかなって思うことはない？　たとえば、ゴツゴツした見た目のイチイの老木は、もしかすると古代ローマのカエサルの時代からそこにいたかもしれない。そして、きみがおじいちゃん・おばあちゃんになってもそこに生えていて、もしかすると、いつか孫に「この木はね……」なんて見せてあげることになるかもしれない。

　え？　そんなに長生きするとは思えないって？　じゃあ、きみは木の寿命ってどれくらいだと思う？　それこそが、つぎなる疑問だ。

6
どれくらい生きるの？

植物は何年くらい生きるんだろう。世界にはじつにたくさんの植物がいて、パパッとは答えられない。

数日しか生きないものもいれば、何千年も生きるものもいる。種類にもよるし、生きている環境にも、気候にもよる。ほかにも、偶然に起こるようなことにも左右される。人間だってそうだよね。みんな200年くらいは生きたいところだろう？　でも、もし200歳まで生きられるとしても、そのぶん学校にも長く行かないといけなくなるとしたら……う〜む、悩むところだよ。

ぼくたちが何歳なのかを知るためには、出生証明書とか、そういう書類がいろいろある。植物の場合には、まったく違った方法が必要になるね。もし切りたおされた木があれば、きみはその幹の断面を見て、その中心から外へ重なる輪、年輪を数えればいい。輪の1本がちょうど1年に相当するから。

生きている木であれば、やわらかいメジャーを用意して、地面から1.2メートルくらいの高さの幹の胴体をぐるりと測る。その数字を2.5で割れば、その答えがだいたい木の年齢になる（どんな種類の

53

木にもあてはまるわけじゃないけどね）。

　どんな木も、可能性としては長く生きることができる。だいたい400年から500年くらいだろうといわれているけれど、じっさいにはほとんどが100年にも届かない。

　その確かな理由のひとつが、環境の劇的な変化による影響。環境の変化が少なければ少ないほど、木にとってはいいってこと。植物は変化に適応することができるけれど、ゆっくりとしかできなから。

なかには、千年単位の年齢に達する可能性のある植物もいるぞ。日本のスギ、とくに屋久島に自生するヤクスギには、樹齢2000年から7200年ともいわれるものがある。ただ、これはかならずしも生まれたときとまったく同じ1本の木のまま生きつづけるというわけではなくて、自分でふたつに分かれてクローンをつくることもできるから、寿命が長くなるんだね。イトスギやオリーブ、そしてクリの木なんかも寿命が長くて、1000年をゆうに超えてくる。そして、カシの木については、イタリアでは、生まれるのに300年、生きるのに300年、さらに死ぬのに300年かかるなんていわれることもあるよ。まったくもって長生きだよね。

ヤバい結末

　1964年のこと。ドナルド・ラスク・カリーという研究者が、世界最古の木を見つけだそうとする調査のなかで、WPN-114という番号でよばれていた木を訪れた。成長錐という道具で幹のごく一部をサンプルとしてとり出して、それを調査するというのが、彼のミッションだった。
　でも、カリーは、その木が、寿命の長いブリストルコーンパインのなかでもずばぬけて長寿の、通称プロメテウスの木だってことを、よくわかっていなかったんだよね。成長錐がガチっとハマって抜けなくなったときに、こう思ったんだ。もう、まるっと切りたおして、その丸太の一部で年輪を数えればいいんじゃないかって。そうして彼が切りたおしてしまったのが、おそらく世界最古の木だったと考えられている。

高く高く、太く太く

　樹皮をきみの皮膚だと考えてみよう。もちろん樹皮はもっとぶあついけどね。きみが成長していくように、木だって毎年、1.5センチから3センチほど背が伸びる。そして毎年、樹皮のすぐ内側で新しい細胞がつくられ、いちばん外側の古い部分がはがれ落ちていく。

　樹皮ってのは、木によっていろいろだ。ブナみたいにすべすべのもあれば、ざらざらしたやつもある。マツの木みたいにウロコに覆われたようなのもある。

　木は年をとると、もう上には伸びにくくなる。でも、年輪はちゃんと1年ごとにつくられて幅を広げていくから、直径は大きくなるよ。なぜって、木が活発に成長するのは、中心部ではなくて外側に近いほうだからね。

　とはいえ、めちゃくちゃ背の高い木だって存在する。世界一は、ハイペリオンと名づけられたセコイアの木で、115.66メートルある。カリフォルニア州のレッドウッド国立公園で2006年に発見された。ただ、観光客がおし寄せて傷ついてはいけないからという理由で、正確にどこにあるかは公表されていないんだ。

数字の話

世界でいちばん大きな木は、「シャーマン将軍の木」とよばれている。高さこそたった83.8メートルしかないけど、根もとの直径はなんと11.1メートルもある。地球上でもっとも巨大な生命体さ。その重さは戦車25台分で、木材にしたなら、家を115軒は建てられるし、マッチにすれば50億本にもなるといわれているぞ。

年輪は地球の証言者

数年前に発表されたびっくりな研究（COSMICとよばれている）によれば、地球レベルで植物たちはシンクロ、つまり連動しているらしいんだ。別のことばで言えば、パッと見た感じではてんでばら

樹木界の長老

地中海に浮かぶ大きな島、サルデーニャ島には、樹齢1000年以上のオリーブの木がいくつもある（いちばん古いのは、少なくとも3000年はいっているぞ）。

シチリア島のエトナ山には、「100頭の馬」という名のクリの木があって（その昔、馬に乗った兵士たちが嵐に見舞われたとき、この木の下で雨宿りをしたらしい）、この木の誕生日会をするなら、ケーキには3000本のロウソクをささないといけない。

イトスギにも長生きなのがいて、たとえば、イタリア北部、リミニという街の近くの修道院に生えているのがそうだよ。800歳ぐらいなんだってさ。なにしろ、13世紀に生きた聖フランチェスコが自分で植えたっていう言い伝えが残っているぐらいだからね。ほんとうかどうかはわかんないけど、ま、そういうことにしておこう！

ばらな植物たちが、ひとつのカレンダーを共有しているみたいに、いっしょになって生きているってこと。

木は二酸化炭素（化学式ではCO2）を吸収して、酸素（O2）を排出する。そのとき、炭素（C）を抜きとるんだ。だって、炭素がほしいから。この炭素には炭素14という放射性物質が一定量ふくまれていて、その量は、太陽の活動状況によって変化する。

……って、頭のなかがカオスになっているかもしれないけど、そんなにややこしくないよ。かんたんに言えば、年輪の各層のなかにふくまれる炭素14の量を測定することで、その時代の地球の大気がどんなものだったか推測することができるんだ。

たとえば、五大陸すべての27種類の木に共通して、この炭素14の量に大きな変化が見られるのは、774年と993年。何が起きたんだろうって？　それはわからない。まだ謎だよ。でも、何かでかいことが起きたってことはわかる。

そして1940年から1960年までの年輪からは、その期間の大気中の炭素14の数値が上がっていたことがわかっている。これは、水素爆弾の核実験が何回もおこなわれたことが理由だよ。

人間はその昔、石に文字や絵を刻んだけれど、木にも、こんなふうにすべてが記録されているんだ。

木ってのは、ほんとうにすごいもんだね。もし木がなかったら、たいへんだ。なかったら、ぼくらでつくるべきじゃないかな。ここ地球でもそうだし、宇宙でもね。月面の木なんてのは、どう？

いや、まあ、その、ちょっと言いすぎたかな……とにかく、つぎはそんな話なんだよ。

6　どれくらい生きるの？　　59

7 海のなかや宇宙で生きる植物もいる？

海とか宇宙でも、植物は生きられるのか。つまり、根っこのまわりに土がなくても、植物は育つのか。答えは、イエス。たとえ土がなくても、水があればだいじょうぶ。

まずはイメージしやすい海の話からはじめよう。海のなかには、たくさんの植物がいるよ。みんな緑色ってわけでもないし、海藻ばかりでもない。花を咲かせて種子をつくる「海草」もいる。

海藻ってのは、茎や葉っぱや根っこみたいなパーツに分かれてなくて、葉状体っていう部分しかない植物だ。水のなかを通ってきた、吸収する光の量や質（色）の違いによって、色はだいたい3種類ある。緑と茶色と、赤。ここまではいいよね？

海草というのは、陸上にいる花を咲かせる植物たちとほとんど同じものだ。根っこがあって、茎があって、葉っぱがあって、果実も

つける。違いは、生育している場所が水中ということだけ。

　いったいどんな見た目をしているのか、ネットで検索するなら、こういう名前を入力してごらん。アマモ、ベニアマモ（リュウキュウアマモ）、ウミヒルモ（トチカガミ科）、ポシドニア・オセアニカ（地中海に生育していて、「海のオリーブ」ともよばれる）。最後のやつなんかは、地球上でいちばん古い植物だといわれている。

　海草は、光合成や呼吸によって水のなかの酸素を循環させる。そのからだは動物に隠れ家と食べものを提供するし、生えている砂地の海底を侵食から守って補強するんだ。それがいまでは、危機にひんしている。気候変動のせいで海水温が上昇して温まりすぎることで、1年に5％のペースで姿を消しているんだ。

　ほかにも、半分を水の外、半分を水のなかで生きている植物もいるよ。マングローブなんて、まさにそう。熱帯や亜熱帯の海沿いの浅いところで、根っこを水のなかにも外にも張りめぐらせるんだけど、マングローブの生息地は、まるで根っこの森みたいになるんだ。日本では、沖縄などでそのようすを見ることができる。

気候変動のせいで、海草は毎年5％ずつ減っている

水中に暮らす藻類

　藻類は、あらゆる水のなかにいる。極寒の南極から、家の裏の池のなかまで、どこにでも。形と大きさは、いろいろ。細胞ひとつだ

けでできていて、顕微鏡で見ないとわからないくらい小さいのもあるけど、いちばん身近なのは、ビーチで見かけるぼろきれみたいなやつ、海藻だよ。歩いてたら踏んづけちゃって、「なんだ、この切れっぱしは？」ってなるやつ。

海藻には、マチ針の頭より小さいぐらいのサイズで、ぬるぬるとして自分で自分にからみついているようなやつもいるし、そうかと思えば、超巨大で、なんと長さ60メートルにもなるようなのもいる。

からだのつくりは違うけど、藻類も、地面に生えている草とだいたい同じような働きをしていると考えることができる。水中にさしこむ光で光合成をして酸素を生みだすし、海の動物たちにとってはかけがえのない食べものだよ。牛にとってのクローバーみたいなね。

プランクトンのことは、きっと聞いたことあるよね。プランクトンについて知らなくても生きてはいけるだろうけど、知っておくの

7 海のなかや宇宙で生きる植物もいる？

も悪くないよ。

　プランクトンは水のなかにすむ小さな生きもので、植物プランクトンと動物プランクトンがいる。この植物プランクトンも、藻の仲間なんだ。プランクトンはクジラの大好物だ（クジラ以外もだけどね）。大きな口をガバ〜ッと開けて、プランクトンをドバーっと飲みこむ。多少はブシャって吐きだすこともあるけどね。

　海のなかの植物にとっても、光はとても大切で欠かせない。光が届く深さまでなら生きることができるけれど、それ以上深くなってくると、もうダメ。そこは謎めいた深海生物がうようよしている場所さ。

　土が汚染されると植物が困るように、海が汚れても、植物はダメになる。事故で船から流出した石油、少しずつもれ出てしまう船の燃料、船を洗うために使った洗剤、考えなしに捨てられたビニール袋などなど。こういうのが海面に膜のように広がってしまうと、太陽光線がブロックされたり、少ししか水のなかに入らなくなったりして、植物は思いっきり光合成ができなくなってしまうんだ。

　ようするに、ぼくたちはもぐもぐおいしく海藻を食べて

数字の話

2018年と2019年にイタリアを囲む地中海で回収されたゴミの量は3万トン。そのうちの90％は、プラスチック、紙、ガラス、金属、繊維、つまりは人間のつくったものだった。大きな川の河口からもゴミは海へと流れでていて、河口で回収されたゴミの内訳は、発泡スチロールの箱が23％、ペットボトルやビニール袋が29％、ほかにはバラバラになって判別できなくなったものの切れはしやクズだった。

いるくせに、海藻の食べものを少なくしてしまっているってこと。

あとは地球温暖化の問題がある。海水の温度が上がれば上がるほど、海藻は水から酸素を分離できなくなる。ということは、海水温が上がると、海水のなかの酸素の量を減らさないためには、まえよりたくさんの海藻が必要になるってこと。

海は、人間にとってはもちろん、ほかの生きものにとっても食べものの宝庫だ。昔みたいに豊かな海をとりもどそうと思ったら、海藻やマングローブがどれぐらい不足しているのか。そのことを紅海で調査してみたところ、まったく足りなかったんだって。

7 海のなかや宇宙で生きる植物もいる？ 65

宇宙で野菜を育てる

いよいよ最後に、土をまったく必要としない植物のお出ましだ。とはいっても、完全に何もいらないわけではもちろんなくて、ふつうだったら大地から得られる水やミネラルを、空中（ちょくちょく霧吹きをしてもらいながら）や、水中にある根っこからゴクゴク摂取してるんだけどね。

こういう栽培方法を、エアロポニックスとか水耕栽培とかってよんでいるんだけど、じつは、アステカ文明や古代バビロニア時代に早くも実験されていたことなんだ。もちろん、いまでは、特殊な光を植物に当てられる温室があって、温度や湿度も完全に管理できるから、酸素もミネラル分もばっちりな量を与えることができる。

宇宙の畑

イタリアの、あるプロジェクトの話をしよう。超キビしい温度環境で植物を育てられるイグルーという温室がある。イグルーには、マイクロ野菜とよばれる小さな野菜を水耕栽培で育てられるシステムがあって、実験の結果、月面でも問題なく使えるものらしい。

だとすれば、火星でだって野菜をつくれるんじゃない？　ほら、あの『オデッセイ』って映画みたいに。もう時間の問題さ。ともかく、きみにはこう助言しておくよ。もし宇宙飛行士になりたいなら、野菜はむしゃむしゃ食べられるようにいまからトレーニングしておこうって。

　この水耕栽培のシステムは、そのうち宇宙へ持っていけることになるだろうね。30平方メートルぐらいあれば、1か月に90キロほどの新鮮な食材を用意できる。宇宙飛行士ひとりひとりに、毎日500グラムぐらいの野菜を用意できるんだ。

　その野菜を食べてトイレに行けば、これがまた、野菜の栽培には大いに「役に立つ」ぞ。もうだいたいわかると思うけど、ぼくたちがからだから出すものは、だいたいが植物の好物、つまりは肥料になるんだよね。何も考えずに、毎日排泄しておけば、それで役に立つってことさ。

数字の話

南極大陸では、宇宙空間と同じ環境で野菜をどのくらい育てられるのか、という実験がおこなわれている。2019年には、9か月半のあいだに、12.5平方メートルの空間で268キロの野菜が収穫された。キュウリ67キロ。レタス117キロ。そして、トマト50キロ。なかなかのものだよね。

7　海のなかや宇宙で生きる植物もいる？

食べられるかどうか、どうやってわかったの？

その植物が食べられるかどうか、人間はどうやってわかったんだろうね。逆に、これは毒があって、へたすりゃ死んじゃうから食べないでおこうっていうことも。

これはね、何千年もの人間の歴史のなかで、味見の実験みたいなことがくり返された結果さ。ご先祖さまのそんな挑戦があったからこそ、ぼくたちはいま、食べられるものとそうでないものがわかるんだ。

さて、きみはいま、雑食だ。つまりはなんでも食べられる環境にある。くだもの、野菜、きのこ、肉、昆虫、甲殻類、そして魚。とはいえ、味がきらいだとか、家族の考え方や習慣にあわないとか、そういう理由で食べないものもあるかもしれない。地面に自然に落ちてきたくだものしか食べない果実食主義者って人たちもいるわけだし。

ただ、一般的には、なんでもいろいろ食べるほうがいいし、選ぶことができるっていうのは幸せなことだよ。研究によると、ぼくたちのご先祖の認知革命、つまりものごとをしっかり考えるようになったきっかけは、塊茎（地下に伸びた植物の茎が大きくなったもので、ジャガイモやキクイモ、クワイなどがそう）を料理するようになったことにあるらしい。塊茎は生よりも、熱や水を使って調理したほうがずっとおいしくて、たくさん食べられるし、もりもり元気もわいてくるものだから、ご先祖がよくよく考えてくふうしていったわけだ。

料理という発明

　生の魚は好きかい？　刺身とか寿司とか、おいしいよね。ほかに、タルタルステーキみたいな生肉が好きな人もいる。あるいは、もちろん、キュウリやズッキーニをスライスして生で食べることもある。でも、ほとんどの食べものは、加熱して食べることが多いんじゃないかな。
　人間が、狩りでゲットした動物の肉や収穫した野菜に火を通すようになったことは、ほかの動物とくらべて大きな強みになった。ジャガイモ、豆、米なんかもどんどん食べられるし、ピーマン、玉ねぎ、アスパラガスなんかは火を通したほうがおいしくて、消化もしやすくなる。火をコントロールすることで、ご先祖は料理することを覚えて、それにつれてからだもだんだん変化していったんだ。
サルとくらべると、いまのぼくたちは、歯も消化器官も小さくなっている。サルは料理なんてしないからね。

雷や鳥のおかげで食べられた

　塊茎は、200万年前にはもう地球のあっちこっちで見られたんだけど、生で食べるのはかなりキビしかった。そこへ雷が落ちたり、たまたま火災が発生したりして、ジャガイモやなんかが、バーベキューみたいにこんがり焼けることがあった。食べものならなんにでも、サルのように好奇心満々だったご先祖は、それを口にして気づいたわけだ。あら不思議、こりゃ悪くないぞって。

　ジャガイモやキクイモなどの塊茎、キャッサバやビーツといった塊根は、おいしいだけではなくて、でんぷんをたっぷりふくんでいて、火を通せば消化もラクラクだし、なによりエネルギーが蓄えられる。

　もっとヘンテコな植物食の歴史もあるぞ。それはアーモンド。きみも食べる？　じつは、野生のアーモンドの種子は、苦いだけじゃなくて、食べると命にかかわるんだ。アミグダリンという成分がふくまれていて、消化の途中で毒である青酸が発生してしまうんだよ。

　それでは、アーモンドはなぜ食べられるようになったのか。アーモンドの木自身が変化して、苦くない種類（スイート種）を生みだしていったらしい。そっちのほうが鳥たちは好きだから、種子ごと食べられた果実があちこちでフンとして出され、また新しいアーモンドの木が育つ。そして、鳥をつかまえて食べていたぼくたちのご先祖も、どうやらアーモンドはスイート種ならだいじょうぶらしいってことに気づいていったんだ。

変化と多様性が生きのこりのヒケツ

　植物や自然には、こんなルールがある。「変化しつづけることが必要」。変化するのは悪いことじゃない。

　だから、一見、同じに思えるようなものでも、植物にはいろんな種類があるんだ。たとえば、トマト。むちゃくちゃたくさんのトマトがある。八百屋さんへ行って名前を見てごらん。桃太郎、アイコ、イエロープラム、カクテルトマト、チェリートマト、サンマルツァーノ、フィオレンティーノ、などなど。名前が違えば、味だって違うんだよ！

　モモだってそうさ。白桃、黄桃、ネクタリン、そしてバントウ（蟠桃）なんてのもある。サラダにする野菜も同じで、レタス、エ

> 自然にとっては、変化しつづけることこそ必要なこと

ンダイブ、チシャ、ルッコラ……、ほかにもたくさんあるんだ。

いま名前を出したような種類は、スーパーに行っても、ぜんぶは見当たらないかもしれない。それこそがスーパーの困ったところなんだけど、売れそうな種類だけにしぼってあるんだろうね。

でも、自然においては生物多様性があるのが望ましいんだ。つまり、バラエティに富んでいたほうがいいってこと。そのほうが、気候が劇的に変化したり、病気が突然はやったりしても、何種類もあるうちのどれかが耐えて生きのこる可能性が高くなるからね。

というわけなんで、もしきみが世界フライドポテト好き選手権でチャンピオンをめざすなら、世界中に5000品種以上あるというジャガイモをひとつひとつ試してみなきゃいけないかもよ。形もサイズも、色も皮も、そして舌ざわりだって違うんだから。

ジャガイモ飢饉

1845年のこと。アイルランドで唯一栽培されていた品種のジャガイモが、病原菌によって壊滅的な被害を受けた。ジャガイモは、ほかの野菜とくらべて値段が安いから、貧しい人たちの主食になっていたんだけど、単作といって、たった1種類しか栽培していなかったせいで、おおぜいの人が食べものに困る飢饉になってしまったんだ。

これはアイルランドの歴史のなかでも最悪の出来事だったといわれていて、100万人もの人が亡くなったし、しかたなくほかの国へと移り住んだ人たちもたくさんいたよ（そのうちのひとりが、アメリカのケネディ大統領のひいおじいさん）。

8 食べられるかどうか、どうやってわかったの？　73

ようし、ぼくが植えてあげるよ

　人間がいつから植物を栽培するようになったのか。これはひとことでは説明できないんで、つぎの章で話すほうがよさそうだ。とりあえず、1万2000年前から1万1000年くらいまえだってことを頭に入れておいて。

　予想外かもしれないけど、人間が植物を植えるというのは、植物にとっても都合がよかったんだ。

　穀物やくだものを実らせる植物の場合は、自分の身を人間に預けて守ってもらうかわりに、その恵みを人間にさし出している。おかげで、愛情をこめてていねいに栽培してもらえるってわけ。

　その一方、人間にじゃまもの扱いされて根絶やしにされるような植物もある。

　こうして人間が植物に手を加えるようになったことで、どの植物が育ち、どの植物が滅びていくのかという自然淘汰のスピードがいっきに速くなった。

　もうひとつ、人間が与えた急激な変化として、「接ぎ木」というテクニックも紹介しておこう。ある木の幹に、相性のいい別の種類の木の枝をつなげて育てるんだ。そうやってぼくたちのご先祖は、新種の木をつくりだすようになった。「遺伝子組み換え」なんてことがいわれるようになるよりも、ずっとずっとまえの話さ。

　この接ぎ木については、しばらくのあいだ、やっている人たちも、なぜそんなことができるのか、わかっていなかった。それが明らかになるのは、オーストリアの修道士で生物学者だった（すごい二足のわらじだろ？）グレゴール・メンデルが遺伝のしくみを解き明かしてからだ。でも当時は、メンデルの言っている遺伝がどうのって話はだれにも信じてもらえなかったみたい。

メンデルのエンドウ豆

遺伝のしくみを解き明かしたメンデルは、エンドウ豆で何度も実験をくり返したんだ。なぜエンドウ豆かといえば、花の形や受粉のしかたといった特徴から、親どうしを人工的に受粉させることがかんたんだったから。メンデルは、親の世代から子の世代へと、葉っぱの形や色などの特徴が、どんなふうに「受けつがれる」のか（あるいは受けつがれないのか）を観察したんだ。

彼が気づいたのは、植物は両親のどちらからも特徴を受けつぐけれど、その特徴には、優先して現れるもの（顕性）と現れないもの（潜性）があるってこと。ということは、その受けつがれ方のルールを見つけだして予想すれば、子の世代がどんなふうに変化するのかが、わかるようになるんだね。

メンデルはそうやって遺伝の法則を発見した。当時にしてみれば、その発見は革命的すぎて、理解されなかったんだけど、彼の研究があったおかげで、いまでは、なぜきみが両親に似ているのかも説明がつく。まあ、エンドウ豆と人間では違いがあって、両親からどの特徴が伝わって、どれが伝わらないのか、人間の場合は先読みはできないんだけどね（鼻はお父さんだ！ 耳はお母さんそっくり！ もしかしたら、その逆がよかったかな？）。

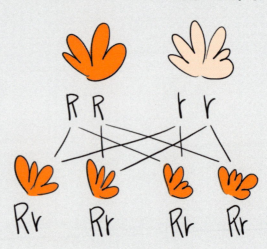

メンデルの研究は、生物のあいだで、どうやって遺伝子が伝達されるのかを理解するための基礎になった。それに、遺伝という考え方は、世代交代をしながら、生物が新しい環境に適応して少しずつ変化していく理由を考えるうえでも有効なんだ。

　こうした遺伝と変化は、どんな生物にもある。レタスにも、近所のあのムカつく犬にも、そしておじいちゃんにも。

　ここまでのことをまとめてみよう。植物は時代とともに変化していく。ある植物がほかの植物と交配したときに起こること、そして人間が新種の植物をつくりだうとするときに起こることには、いくつかの法則がある。

　その法則は科学者たちが研究して明らかにしてきたものだけど、じつはそのずっとまえから、ある職業の人たちは、経験としてその法則を理解して、植物を育ててきたんだ。だれって、それは農家の人たちだよ。

8　食べられるかどうか、どうやってわかったの？

9

人間に食べられる野菜の気持ちは？

食卓に並んだ料理をちょいと眺めてみよう。その料理に使われている食材は、どこからやってきたのかな？　はいはい。お店から。うん、まあ、そうだよね。やるじゃないか。

じゃあ、お店に並ぶまえはどうなってた？　どうしたんだよ、とたんにお先真っ暗みたいな顔して。ゲームでヘビの怪物をどうやって倒すのかについてはくわしくても、そういうことについては何も知らない？　スマホは逆立ちしながらでもできるのに、泥のなかから掘りだしたレンコンをどうきれいにしているかについてはわからない？　まあ、そういうもんだよね。

野菜というのは、1万1500年ぐらいの時間をかけていまの姿になって、きみの家の食卓にのぼっているんだ。ホモ・サピエンスが、それまでは運まかせで採取していた植物を自分で育てたり、狩りでつかまえていた動物のなかからおとなしいものを選んで飼ったりするようになったのが、1万年ぐらいまえのことだといわれている。

79

植物の栽培や動物の飼育というのは、世界のあちこちで、同時にはじまったものと考えられている。いまの中東あたりに広がる「肥沃な三日月地帯」では、かなりうまくいったってことがわかっているんだけれど、ほかの場所でもたくさんの挑戦がおこなわれた。成功したものもあれば、失敗したものもきっとあっただろうね。

> **植物の栽培や動物の飼育**
>
> これは『星の王子さま』のキツネがうまく説明してくれている。「ぼくは、べつにきみがいなくてもいい。きみも、べつにぼくがいなくてもいい。きみにとってぼくは、ほかの10万のキツネとなんの変わりもない。でも、もしきみがぼくをなつかせたら、ぼくらはたがいに、なくてはならない存在になる。きみはぼくにとって、世界にひとりだけの人になる」

ところ変われば、農業も変わる

　農業というのは、机の上でこうしようと考えればできるものではなくて、時間をかけて試しながらだんだんと発展してきたものなんだ。どこかでだれかが発見したものでもないし、発明したものでもない。取扱説明書があったわけじゃないからさ。

　いろんなことが試された。そして、いろんな失敗があった。

　大昔の人が農業をはじめたからって、植物を採取したり狩りに出たりすることを、突然きっぱりとやめたわけでもないぞ。人間は、自分の住んでいる場所でのライフスタイルにあわせて、狩り、採集、そして原始的な畑づくりのなかから、ふさわしいと思う選択を少しずつ重ねてきたんだ。

　最初のころの畑や牧場は、世界の地域ごとに、また場所によってずいぶん違ったものだった。人間の知恵と技術がまだバラバラだっ

たということもあるし、気候によるところも大きかった（雪だらけのところでサボテンは育てられないもの）。それから、地理的な条件の違いもあるしね。山とか（トマトを収穫するためにガケによじ登るなんてことはしないだろ？）、川とか、森とか、砂漠とか。わかるよね。ヨーロッパやインド、そしてチグリス・ユーフラテス川の周辺だったら、小麦を植えるのに困ることはなかったけど、たとえばカナダではパイナップルを育てるのは無理だったし、氷で覆われた場所で豚を飼育することもできなかった。

　アメリカ大陸の先住民（ネイティブ・アメリカン）や日本に住んでいた人たちは、定住しても植物は育てない時期があったといわれているし、ニューギニア島の人たちはその昔、植物を育てながらも定住せずにずっと移動を続けていたといわれている。

　試行錯誤をくり返しながら食料をつくりだすなかで、人間は、自然破壊もしてしまった。5000年ほどまえ、いまや世界最大の砂漠であるサハラのあたりには、草原が広がっていたし、森すらあったんだ。その後、気候が変化したことに加え、人間が農業をしたり、牧畜をしたり、さらにはローマ人が木を切りはじめたりしたことで、サハラはだんだんと、ぼくたちが知っているような砂漠へと姿を変えていったのさ。

　そのせいで、アフリカ大陸のさらに南へ移動し、そこに家をつくって、野菜として食べることもできるビートを栽培しようとした人たちがいた。すると、いまのナイジェリアやカメルーンあたりにもっとまえから住んでいた人たちと出くわすことになる。その人たちはべつに、豊かな森のなかでビートなんて育てたくはなかった。どうなったと思う？　結果は最悪さ。それが引き金となって、人類は農業をめぐって戦争するようになってしまったんだ。

9　人間に食べられる野菜の気持ちは？

ぼくを食べて！ 私を食べて！

こんな疑問もわいてくる。どうしてぼくらはカシの木を育てて、ブタみたいにドングリを食べないんだろうか。味の好みの問題だけなのか、それともほかにも理由があるのかな。人間が栽培しているせいぜい数百種類の植物は、そのほかの20万種類はあるという植物と何が違うんだろう。

まずは、食べられるというのがひとつだね。ほかにもいろいろ特徴があるから並べてみるぞ。

a）栄養が豊富である
b）たくさんとれる
c）ほかのものよりも成長が早い
d）苦すぎたり、固すぎたりしない
e）かんたんに収穫できる

人間が喜ぶこういう特徴については、植物も自分でわかっている。人間に喜んでもらえれば、たくさん栽培してくれるってこともね。たとえば、人間に育てられるリンゴの実は、野生の品種にくらべると3倍ぐらいの大きさになるし、エンドウ豆のさやは10倍、トウモロコシの穂はなんと45倍にもなるんだ。アーモンドの木は実をあまく

したし、バナナは種子をつくらなくなった。まだきみは料理したことも食べたこともないかもしれないけれど、アーティチョークは数千年前までは鎧のような皮があったんだよ。

じゃあ、キャベツは？

大昔のキャベツというのは、油なんかがとれる種子がほしくて栽培されていたんだけど、ぼくたちのご先祖は、むしろほかの部分がおいしいじゃないかってことで、自分たちの好みにあわせてたくさんの品種を生みだしていったのさ。おかげで、カリフラワーやちりめんキャベツができあがった。ほかには、コールラビや芽キャベツ、そして映画『スター・トレック』に登場しそうな見た目のロマネスコなんかもそう（こいつらが苦手だって人はいるけれど、それは好みの問題。開発した努力には脱帽だ）。

　ここまでの話をざっくりまとめておこう。野菜は、じつは喜んで

6000年前のポップコーン

　6700年前には、ペルー北部の海沿いに住んでいる人たちが、熱で弾けさせたトウモロコシ、つまりポップコーンをおやつとして食べていた。

　8700年ぐらいまえから、メキシコで、食べるのによさそうなトウモロコシの品種が、注意深く選ばれるようになった。いま世界中でとれるトウモロコシは、その選択の成果なんだよ。昔のトウモロコシには葉っぱがいっぱいついていたんだけど、だんだんと枝が少なくなり、穂が多くなり（メ♀の穂に実ができる）、ずっと高く成長するように変化していった。

84

食べられている。育ててくれる人間の好みにあわせて変化もしている。びっくりしたよね？　キャベツみたいに、ある植物が、ほかのたくさんの別の名前の植物のルーツになることもある。

　では、こんな名前は聞いたことあるかな？　カレラ（ツルレイシ）、ブッシュカン、オクラ、キワノ（ツノニガウリ）、チェリモヤ、ドラゴン。

　いったいなんだろう？　ロールプレイングゲームに出てくるザコキャラ？　それとも、きみが口にしたことのない、世界の果実の名前？

　手がかりをあげよう。チェリモヤは、マーク・トウェインのお気に入りだった。そして、マーク・トウェインは『トム・ソーヤの冒険』などの本を書いた人で、ビデオゲームで遊んではいなかった。……ってことは？

　そんなわけで、おつぎは植物の名前について話していくぞ。

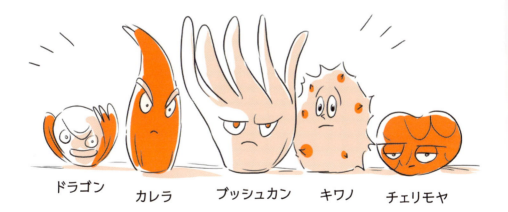

ドラゴン　　カレラ　　ブッシュカン　　キワノ　　チェリモヤ

9　人間に食べられる野菜の気持ちは？　85

10 植物の名前はだれがつけたの？

植物の名前は、いつ、だれがつけたのか。もちろん、植物が自分でつけるわけないよね。植物にとっては、べつに名前なんかなくたって、いっこうにかまわないんだから。

　でも、人間はといえば、なんにでも名前をつけるのが好きだ。もちろん、植物にも。植物には、ラテン語やギリシャ語の、やたら難しくて舌をかみそうな学名がついていることが多い。あと、数字がついていることもある。そうやって植物を分類して、知識を整理しようとしているんだ。ラテン語やギリシャ語にこだわったりするもんだから、学者じゃないと、ちんぷんかんぷんになりがちだけどね。

　とはいえ、学名の意味をひとつひとつ解き明かしていけば、それまではありえない！って思っていたものが、霧でも晴れたように突然クリアになるはずだ。それに、植物だって、ややこしい学名によって謎めいたオーラをまとうのも悪くないって思っているかもよ。

87

はじめにギリシャ語とラテン語ありき

　植物にはじめに名前をつけたのは、古代エジプト文明やメキシコのマヤ文明の賢者たちじゃないかとみられているけれど、そのときの名前はだんだんと使われなくなって、いつのまにか文明じたいも砂に埋もれて、歴史から姿を消してしまった。

　というわけで、現代に通じる植物学の祖は、紀元前3世紀ごろに古代ギリシャで活躍したテオプラストスだと考えられている。テオプラストスは、植物を花のあるなしで分類したり、植物に性別があることを発見したり、果実がどうやってできるのかを研究したりした人。彼がつけた植物の名前には、いまでも使われているものがあるんだ。アスパラガス、カロータ（ニンジンのことで、英語のキャロットもここから来ているよ）、ナルキッソス（スイセン）なんかがそう。

　もうひとつ知っておくといいのは、古代ローマのプリニウスがまとめた『博物誌』という本のこと。プリニウスって人は、世界のありとあらゆるものをかたっぱしから記録しようとしたんだけど、そ

88

の結果として、科学的とはいえないマユツバな伝説のたぐい、つまり盛りに盛った「つくり話」も、その『植物誌』にのせちゃったんだよね。それが、なかなかおもしろいんだけど。

たとえば、地球のはるか北には一年中が春の理想郷があって、ヒュペルボレイオスという民族が暮らしているという美しい話もあれば、人狼（狼男）のこわ〜い話なんてのもある。人狼の話は2000年以上たったいまでも語りつがれているよね。

子羊が実る木

中世のヨーロッパでは、植物が動物に変身したり、動物が植物に変身したりすることがあると信じられていた。当時の人びとは、ボラメッツとよばれる植物がどこかにあって、そこからは、もこもこした毛の生えた小さな小さな子羊が生まれると思っていたんだ。みんなでそのボラメッツを探してもいたんだってさ！

プリニウスも、その伝説の植物のことをゴッシピオンという別の名前で記録していた。彼によれば、それはアラビア半島原産の低木で、ふわふわした毛でくるまれた実をつけるという。なんとなく想像がつくかもしれないけど、つまり、それって、ワタのことだったんだよね。

植物の分類には方法がある

　植物を分類してリストアップするには、昔はその姿をよく観察するしか方法がなかった。だから、形とか色とか構造とかで植物をグループ分けしていたわけだね。やがて顕微鏡が登場すると、もっと正確に、はっきりと区別できるようになって、「分類学」とよべるような正真正銘の学問へと発展した。そこでは、植物（や動物）を大きなグループにざっくり分けて、それをさらに細かく分けていく。

　でも、学問ではなく生活のなかでは、ぼくらはもっとシンプルに植物を分類している。

それは、農家の人や植木屋さん、それから大工さんみたいに、仕事で植物にかかわっている人たちがよくやっている。この植物は日当たりのよいところが好きなのか、それとも日陰を好むのか。水はたくさんあげるべきか、少ないほうがいいのか。こっちの土がよいのか、あっちなのか。木材としては、硬いのか、やわらかいのか。自分の仕事に必要な範囲で、知識と経験にもとづいて植物を分けているわけだね。

　一方、科学的な方法では、植物を細かいところまで分析する。スピノザくんを例にとろう。スピノザくんは、草なのか、木なのか、それともサボテンか。サボテンだね。実はつける？　つけない。葉っぱはある？　あるにはあるけど、とんがってて刺さる！　幹は？　よくわからない。わからないけど、刺さる。花は咲く？　咲くっていうけど、まだ見たことはない。色は？　花びらは何枚？　……などなど、こんな調子。

　ただ、いくら手あたりしだいに特徴を調べあげたところで、ほかのよく似た植物とごちゃまぜになってしまうなんてこともありうるよね。

　ここで登場してもらうべきは、リンネ先生だ。

10　植物の名前はだれがつけたの？　　91

すべてを分類する男、ミスター・リンネ

　植物を分類して名前をつけるシステムを考えだしたのは、18世紀の医者で自然科学者、スウェーデン人のカール・フォン・リンネ先生だ。ルールもなくてカオスな状態だった植物界の名前のつけ方をまとめあげた「神」さ。

　地球上のすべての植物を知るなんてことは、いま以上に困難な時代だったからこそ、どんな植物にでも通用するような、そして世界のどこででも使えるような分類のシステムを、リンネはつくりあげたのさ。そのおかげで、彼の分類方法は、新しく発見された植物にも当てはめられるようになったし、そのたびに情報がアップデートされてきてきた。

　シンプルで、実用的で、天才的。彼のアイデアっていうのは、人の名前をつけるのに使っていたシステムを植物に応用するというものだった。

　その基本は、18世紀の科学者にとっては一般的だったラテン語を使って、植物の種ひとつひとつに、「属名」と「種小名」（それぞれの種を言いあらわす）をつけるという方法だ。このふたつからなる学名の後ろに、発表した人の名前をつけることもある。たとえば、リンネが発表した学名なら、LinnaeusやLinné（または省略形でL.）と表記される。

　ここでいちど本を閉じてみようか。日本人のほうがわかりやすそうだからそうするけど、この本のカバーに訳者の名前がのっているね。野村雅夫だ。これでいうと、雅夫っていう下の名前が「種」。野村っていう名字が「属」。そして、この訳者を発見したのは、この本の場合は「太郎次郎社エディタス」、つまりは出版社になる。

　種は、分類学における、いちばん基本的な単位だ。その種をいく

つかまとめて入れる器が属。

　属の上には、もうひとまわり大きな「科」という入れものがあって、そのまたひとまわり大きいのが「目」。最後には「界」というでっかい入れものがあるぞ。

　こうした枠組みが植物界の分類をかたちづくっていて、どんな植物でもどこかに当てはめられるようになっている。

　え？　ややこしい？　いやいや、そうでもないって。

　これは、すべての生きものに使えるんだよ。動物にも。なぜかわからないけど、きみにいつもなついてくる近所のコロ助って犬もそう。あいつも、キテレツな犬ってだけじゃ、分類したことにはならないよね。哺乳類という「綱」の、オオカミとかジャッカルみたいな肉食という目のイヌ科、さらにはイエイヌという種なんだ。

　よく見かけるマーガレットの仲間、フランスギクを例にとろう（好き、きらい、好き、きらい……。ついつい花占いをしちゃうんだけど、そんなことをしている場合じゃないね）。

　リンネの分類学では、原っぱや道ばたで見かけるこのフランスギクは、レウカンテムム・ヴルガーレとよばれている。なぜか。

10　植物の名前はだれがつけたの？　　93

属名のレウカンテムムは、ギリシャ語のふたつのことばをあわせたもの。レウコスとアンテモンで、それぞれ「白」と「花」という意味。つまりは、花の色を表しているんだね。後ろについてる種小名のヴルガーレは、ありふれたものっていう意味で、つまりはどこでもかんたんに見つかるってこと。

話は変わるようだけど、いつでもきみの力になって助けてくれるような人って、そんなにたくさんはいないよね。それと同じように、いくら身近な植物だからといって、それがぼくらの役に立つとはかぎらない。ぼくたちを助けてくれる植物というのは、そう多くはないんだよ。役に立つ？　助けてくれる植物？　よし、そのあたりはつぎの疑問でみていこう。

うちの将軍の名前でどうですか？

カリフォルニアに巨大な木が生えていることを最初に発見したヨーロッパ人は、アウグストゥス・T・ダウドという水道会社の社員だった。1852年、彼が狩りに出かけたときのことだった。

イギリス人のダウドたちは、見つけた木にイギリスの将軍の名前をつけて、ウェリントニア・ギガンテアとしようとした。ところが、植物の分類にくわしいフランスの植物学者、ジョセフ・ドケーヌは、セコイア・ギガンテアという名前を提案する。セコイア属の木に似ているように思えたんだ（正しくはセコイアデンドロン属）。その木があるアメリカの人たちはなんの疑問ももたなかったし、だいたい、美しいかれらの土地の木にイギリスの英雄の名前をつけるのはイヤだったんだね。いま、この木は、セコイアデンドロン・ギガンテウムという学名でよばれている。

11

植物とわたしたち、助けているのはどっち？

畑やベランダ、そして家のリビングなどで、喜んで人間に育てられる植物がいる。じゃあ、ほかの植物は人間とあまり関係ないのかな。いやいや、そんなことはないんだよ。

ぼくたち人間にとっては、自分たちの手で育てていない植物も、とても大事だ。酸素を吸いこんで息をするにも、栄養をとるためにも、動物の肉を食べるためにも、魚を釣るためにも、必要だ。それから、草食動物の乳を飲んだり、それでヨーグルトやチーズをつくったりするためにも、食卓で使うスパイスや調味料を手に入れるためにも。

考えてみたら、テーブルやイス、それに木造の家なら屋根や床だって、砂糖だって、チョコレートだって、きみの大好きなジュースだって、植物がないと手に入らない。親戚のおじさんがもくもく吸ってる葉巻だってそうさ。

すべては植物のおかげ。人間はじつにいろんなくふうを重ねながら、植物を利用してきた。でも、それは植物がわざわざ用意してくれたことではないよね。きみの部屋の床に張ってもらおうと思って、木が太く大きく育つわけじゃないんだから。

　きみが食べる焼き肉や炊きこみごはんがもっとおいしくなりますようにとか、もっと消化しやすくなりますようにとか、そんなことを自然が考えてくれているなんてことはまったくないしね。

　むしろ、たとえばトウガラシは辛く辛くなることで、ネズミたちにかじられないように、身を守っているんだ（激辛料理がへっちゃらのおじさんは、めっちゃくちゃ好きだけどね）。

　シトロネラという植物からつくる油には蚊よけの効果があるけれど、シトロネラはべつに人間を喜ばせたいわけじゃない。ミントやユーカリの香りは、ひんやりしてさわやかでいい気持ちがするけれど、あれはたんに、あの香りがきらいな虫を近づけないために出しているんだよね。

　植物のこうした特徴は、たぶん、ぼくたちのご先祖の注意を引いたんじゃないかな。歩いている途中で、ローズマリーやバジル、パセリやなんかのにおいをかぎとって、味見をしてみて「こりゃいけるぞ」と、畑の一角に植えたんだろうね。

　でも、一方でご先祖たちは、植物をめぐって戦争をたびたび引き起こしてしまった。かれらが血まなこになってほしがったのは、スパイス。乾燥させた果実（コショウ）や、種子、樹脂、根っこ（ショウガ）、あるいは樹皮（シナモン）。つまりは香りや風味がたまらんっていう植物を、人間は奪いあったんだ。

原始人の薬局

ぼくたちの遠い先祖とつながりのあるネアンデルタール人は、心を落ち着けたり、よく眠れたりする効果のあるカモミールの葉を噛んでいたらしい。スペインの北部にあるエル・シドロンで発見された骸骨から、それがわかった。そこに残っていた歯垢を調べたところ、カモミールの成分であるアズレンが、わずかながら見つかったのさ。

チンパンジーの薬屋さん

20年ほどまえの話。ウガンダでカニャワラという野生のチンパンジーのグループを観察していたところ、トリキリアという木の葉っぱを何枚も食べていることがわかった。この葉っぱには、食べるとマラリアを駆除する効果があるんだ。チンパンジーたちは知ってて食べているのかな？　うん、その可能性はかなり高い。

足の親指をケガした若いオスのチンパンジーが、アザミの仲間やサンドペーパー・ツリーという木の葉っぱを、何日ももぐもぐと食べていたという報告もある。これらの植物は、ブルンジ共和国の人たちのあいだで、化膿した皮膚の治療に使われていて、研究所で分析してみると、傷口をふさぐ効能をもつことがわかったんだ。だから、きっとチンパンジーも、体調なんかにあわせて植物を口にしているんだね。

11　植物とわたしたち、助けているのはどっち？

カモミールはおいしいけれど、栄養価はそんなに高くない。ネアンデルタール人たちは、カモミールが気持ちを落ち着けてくれることを理解して食べていたんだよね。骸骨のほかの歯には、セイヨウノコギリソウの痕跡も見つかった。これは鎮痛効果（痛みをやわらげる）や消炎効果（腫れをおさえる）のある植物なんだよ。

　きみはどう思う？　え？　原始人はちゃんと歯を磨いていなかったって？　まあ、そうだね。正しい。そして、もうひとつ、大事なのは、かれらが太古の時代、すでに野草で治療をしていたってことさ。薬として使うには、植物のことを知っている必要があるよね。

　カモミール、ゼニアオイ、レモンバーム、シナノキ、カノコソウ。こういうハーブ類はぼくたちの先祖が医者にあまり頼らずに摂取してきたもの。伝統的な自然の薬として伝わってきたものだね。家で教わったことはあるかい？　ないか。まあ、いいや。きみがこれから伝えていけばいい。

食欲そそりまくりの植物

　植物を効果的にとり入れるのって、なんだかめんどうだなっていま思っているようなら、その考えはマッハで変えてしまおう。

　植物のカカオからつくるチョコレートのない世界って、どう思う？　きみの友だちになったリンネくん（「分類学の父」だよ！）はチョコレートを「神々の食べもの」とよんだんだ。

　とはいえ、きみが歴史の授業で名前を習うような古代の人たちは、チョコなんて食べたことなかったんだけどね。カカオはもともとアメリカ大陸にあって、コロンブスがヨーロッパから乗りこんでいくまで、先住民たちはカカオの豆をあらゆる料理に使っていた。ものすごくおいしい鳥料理にもね（レシピを探せば、きみだってつくることができるぞ）。ココアも飲んでいたし、ときにはカカオの種子をお金のかわりにもしていた。

　ひとたび「発見」されてからというもの、カカオは世界中に広がっていった。アフリカの国々では、いまや、広大な農園でカカオが

栽培されているよ。チョコレートについてのアドバイスがひとつある。チョコレートを買うときには、パッケージをよく見て選んでほしいということ。品質もそうだけど、「フェアトレード」のラベルがついているかどうかをチェックだ。

フェアトレードっていうのは、開発途上国との貿易で公正な取引（フェアトレード）をすることで、その国の生産者の生活を支えるためのもの。つまり、そのチョコレートをつくるにあたって、カカオを栽培した人にきちんとした賃金が支払われているかどうか、スイーツをつくるためにだれもひどい目にあっていないかどうか、その

バニラを発見した少年

インド洋に浮かぶレユニオン島での話。奴隷だった少年、エドモンドは、1845年、バニラの花を人工受粉させるシステムを発見した。そのおかげで、ぼくたちはバニラの果実を収穫して、アイスクリームやキャラメルなど、おいしいスイーツに使えるようになったんだよ。

じっさい、バニラそのものをエドモンド少年が発明したと言ってもいいくらい。だって、それまでバニラはメキシコでしか生産されていなかったし、収穫できる量が驚くほど少なかったんだ。受粉ができるのはたった1種類のハチしかいなかったし、受粉のタイミングも、花の都合で1年にたった1日しかなかったんだもの。

おい、なにくたびれてんだよ！
1年に1日しか働いてないくせに！

ぜえぜえ
ぜえ……

ラベルで確かめることができるんだ。

　アメリカ大陸からヨーロッパにわたった、植物由来の飲みものもある。最初は治療薬だったんだけど、効果はあまりなかったかわりに、とにかくうまかったんだ。コカ・コーラさ。

　アメリカ人の薬剤師だったジョン・ペンバートンという人がつくり方を改良して、メインの材料となるふたつ植物の名前をドッキングさせた。つまり、コカとコーラだ。コーラの実はカフェインたっぷりで、たとえばサハラ砂漠では旅人たちが疲れにうち勝つために何千年も噛みつづけてきたもの。かれらにとってはとても価値あるものだったから、黄金と交換することもあったくらいなんだ。そして、コカの葉っぱは、いまでもアンデス山脈に住む人たちが噛んでいるもの。高地での作業中でも、頭をシャキッとさせておくためにね。

　このふたつを混ぜあわせるというアイデアは、イタリアやフランスのマリアーニ・ワインの製法からヒントをもらったんだ。コカの葉っぱをボルドーの赤ワインに漬けこんだのが、マリアーニ・ワイン。ペンバートンが、そこからアルコールを抜いて、シュワシュワの炭酸を加えたことで、世界でいちばん有名な飲みものが生まれたのさ。

ゴクゴクゴク

11 植物とわたしたち、助けているのはどっち？　103

ただ、いま売られてるコカ・コーラは、中身がずいぶん変わっていて、そのレシピは門外不出とされているから、どれぐらいコカやコーラが入っているかは謎なんだけどね。

美しい植物で美しくなる

　ちょっと信じられないくらい美しい植物や花が、この世にはある。作家や画家、詩人たちはその美しさに魅せられて、ありとあらゆる方法でその美を表現してきた。

　きみはもうわかっているだろうけど、植物が美しくなっているのは、たんなるひまつぶしじゃないよね。そうやって、ほかの植物や虫たちをひきつけることで、子孫を増やして生きのころうとしているわけだ。ある意味、美しさは、生きるのに必要なことなんだね。

　それに、ハチたちと同じように、ぼくたちだって、花びらの色や並び方、そして香りにひきつけられて、植物にうまく使われているんだよ。

　植物は、人間を美しくする手助けもしてくれる。シナモンやバラの花のエッセンスは、古代から香水として使われてきた。男性だって、黒コショウやコリアンダー、カルダモンの香りを身にまとってきたんだ。それに、香水は**防腐剤**として、ミイラをよりよく保存するために使われたこともあった。

　さらに人間は、ヘナという植物で、からだに模様や色をつけてきた。ヘナは、アフリカ大陸の中部と東部の

> **防腐剤**
> 防腐剤は、ものが腐るのを防いでくれる。外から入りこんだ菌を殺したり、その力を弱めたりして、食べものや飲みものを長持ちさせるために使うんだ。

高原を原産地とする、トゲトゲの低木。枝や葉っぱを赤茶色の粉になるまで細かく挽いて、肌や髪の毛に色をつける。ヘナを原料とする化粧品をきみも見たことがあるんじゃないかな。

　ヘナを使って手や足にタトゥーを入れる文化は、中東や南アジアで広がって、たくさんの模様やシンボルが生まれてきた。タトゥーはヤバい人がするものって考えないほうがいいぞ。古代エジプトの王、あの見えっぱりのラムセス2世も、爪にヘナのタトゥーを入れていたくらいだからね。

12 どうして植物を守らないといけないの?

植物を守るのはかんたんさ。植物のことをよく知って、愛すればいい。これは、ぼくたちみんなにとって大事なことで、やるべきことなんだ。植物を育てるのがブームかどうかは関係ない。

きみは、毎日だいたい900グラムの酸素(さんそ)を吸(す)って生きている。これはつまり、きみが健康的に暮(く)らすには、きみ専用(せんよう)の木が2本は必要だってこと。

地球に暮らす人間ひとりひとりに、専用の木が2本ずつ。どう? きみにはある? マジで? よかったね、ついてるよ! でも、その2本が「きみの」だとして、きみのきょうだいのぶんはある? 両親のぶんは? 学校の友だちのぶんは? あと、先生のぶんも考えないとダメだろ?

え? 先生のぶんはいい? オーケー。でも、とにかくこの調子

で、すべての人間のことを考えなくちゃいけないんだよ。

林のいろいろ

人工林（育成林）：おもに木材を生産するために人が育てている。スギ林やヒノキ林など。餌になるものが少ないので、動物も少ない

天然林：自然にできたもの。日常的に利用される里山の林から、人の手がまったく入っていない原生林（日本にはほぼ残っていない）まである。餌にめぐまれた、動物の王国

雑木林：いろんな種類の木が入りまじって生えている

ジャングル：熱帯雨林のことで、ブラジルのアマゾン川流域や、マレーシアのものが有名。地球の肺といわれている。それは、熱帯雨林が、光合成に加えて、大気に水蒸気を放出して太陽の光を反射することで、世界全体の気候を調節してくれているから

世界の酸素の半分は、植物が働いて生みだしているという。これは少ない量ではないよね（ちなみに、残りの半分は海から生まれる）。

　人間が酸素の量を測るようになってから、この50年ほどのあいだに、熱帯雨林は18世紀とくらべて19％も失われてしまった。とくに、機械を使って大規模な土地開発をするようになってからは、勢いが加速した。これはだれのせいなのかな？

　ヨーロッパやアメリカから植民地に移り住んだ人たちは、森を切ったり焼いたりしながら、新しい土地を開拓してしまった。たとえ当時はそれがどんな結果をもたらすかよくわかっていなかったとしても、そのことで、森はえらい目にあった。

　いまでは、どんな言い訳も通用しない。さらに伐採を進めて、あと４分の１でも失われたら、森林はもう再生できなくなってしまうだろうね。つまり、地球はすっかり乾燥して、砂漠や草原ばかりの星になってしまうのさ。

地下のジャングル

　想像をこえたジャングルが、ヴェトナムの地下に広がるソンドン洞窟のなかに見つかった。この洞窟は、高さが200メートル、幅が80〜150メートル、そして長さが４キロメートル以上もあって、立派な川が流れているんだ。上の大きな裂け目からは光が入りこんで、中のジャングルに降りそそいでいる。

　1991年に発見されて、奥まで調査が終わったのは2009年のこと。30メートルをこえる高さの木もあって、鳥、爬虫類、両生類たちが暮らす、手つかずの生態系が成り立っているんだ。

でもさ、このままの勢いで切ってちゃダメだってわかってるのに、なんで人間は、木を切りつづけるんだろう。

かつては、燃やして暖をとるために木を切っていた（昔は、「木を切ることで4回もからだがあったまる」って言ったんだよ。木を切るとき、薪を運ぶとき、薪をストーブに入れるとき、そして火をつけたとき）。いまは、畑をつくるために、じゃんじゃん森を切りひらいているんだ。

ブラジルのアマゾン熱帯雨林は、バナナやパイナップル、そしてコーヒーの木を植えるために燃やされている。また別の場所では、豆や穀物、とくに大豆やトウモロコシが植えられることが多いよ。それらは、人間が食べる牛やブタの餌（穀物飼料）にするために大量に栽培されているんだ。

だから、ある意味、ステーキを食べるために木を切っているとも

イタリアと日本の状況

さいわいなことに、イタリアは世界とは逆の状況になっているよ。「イタリアの森林白書」によれば、2005年から2015年のあいだに、森は5％増えて、国土の約37％が森林なんだって。森林が農地よりも広いということがわかったのは、中世以来はじめてのこと。すごいね。

では、日本はどうだろう。2017年の時点で、なんと国土の約66％が森林。この割合は世界トップクラスなんだよ。

いえるよね。それから、高い値段で売れる植物を栽培するためにも、森林を伐採している。国際的に闇取引される麻薬の原料となる植物、コカなんかがいい例さ（1年間に数兆から数十兆円のお金が動いている）。

そんなわけで、もしきみが将来、自分の家を買うなら、使われる木材にFSCっていう国際的なマークがついているかどうかチェックしてほしい。FSCマークがついていれば、その木材が密輸入されたものなんかじゃなくて、きちんとした管理のもとで切りだされたものってことだから。

> **数字の話**
>
> ここ15年ほど、世界では2秒ごとにサッカー場くらいの広さの森林が失われている。2019年は世界の森林にとって最悪の年だった。ブラジルでは8月に4万2000件の森林火災が発生して、オーストラリアでは900万ヘクタールの森林が灰になってしまった。

森を燃やすということは……

12　どうして植物を守らないといけないの？　　111

街なかの植物

　森のなかを歩くと、どんないいことがあるか、わかる？　森の空気を吸うことで、血圧の数値は改善するし、肺活量は増えて、血管もしなやかになる。シンプルに言えば、元気になるんだ。そして、心はおだやかで、ごきげんになっちゃう。

　かといって、家のなかに森をつくるわけにもいかないね。でも、緑が足りない場所をチェックして、そこに何か植物を配置することなら、はじめられるだろ？　廊下にひとつ、部屋にひとつ、教室にひとつ。ベランダや庭には、気持ちのいい芝生を植えてみるといい。まあ、水やりなんかの面倒はだれかに頼もう……なんて思っちゃダメだぞ。ダメダメ！　植物の手入れは、きみからはじめるんだ。

　イギリスの人たちは、生け垣をはりめぐらせた庭園が大好きだから、都会でも街のあちこちに緑がたくさんある。だけど、ぼくたちの街の場合は、だいたいがアスファルトやセメントばかりだよね。夏なんて、街はまるでオーブンだ。どうしようか？　植物を増やすのさ。木を、つる棚を、生け垣を、少しずつ。街じゅうそうすれば、

気温は3度から5度くらいは下がるんじゃないかな。

そんなわけで、街のなかの1本の木は、きみにとって、森のなかの木の倍くらい価値がある。具体的に理由をあげてみようか。

きみ＝人間は、食物連鎖のトップにいる。つまりそれは、植物をふくむ、ほかのすべての生きものを必要としているってこと。

だとすれば、できるだけすべての生きものにハッピーでいてもらわなくちゃ。

13
植物から学べることは？

ぼくたち人間は、なかなかのうぬぼれ屋だ。窓から世界を見わたしては、人間こそ生きもののなかでいちばん知的で洗練されている、なんて、ずうずうしいことを思うわけさ。

きみは、ぼくたちとスピノザくんが、まさか同じ目的をもって生きているなんて思ってないだろ？　でも、スピノザくんだって、できるかぎりおだやかに暮らしたいし、おいしいものを食べたり飲んだりしたい。自分も成長したいし、この世界は美しいんだと、スピノザ・ジュニアに教えてやりたいんだ。

「あなたが想像できるようなものはすべて、すでに自然のなかにある」と言ったのは、あのアインシュタインだけど、たしかにそのとおり。ぼくたちには、自然から学ぶことがまだまだあるんだよ。

植物をまねした発明の数かず

　森や海っていうのは、広い広い実験室さ。30億年ものあいだ、生きものは、あらゆる種類の実験にトライしてきた。もっと速く動けないか。寒さをなんとかできないか。敵から身を守るにはどうすればいいか。上へと高く伸びて、ほかの生きものに太陽の光を奪われないようにするにはどうすればいいか。

　ぼくたち人間は、そんな生きものたちの実験を観察しては、まねをしてきたんだよ。

　自然からヒントをもらった発明は、身のまわりにもたくさんあるぞ。たとえば、塩入れ。これが発明されるまでは、いちいち手でつまんだり、皿に入れて食卓に出したりしないといけなかった。

　最初に塩入れが登場したのは西暦1000年ごろのことで、最初はお金持ちの家の食卓に広がったといわれている。この塩入れがまねしたのは、ケシという植物。ケシの花の真ん中には、芥子坊主という名前の入れものみたいなものがあるんだ。ビンにフタをしたような形をしていて、熟すと中には種子がたっぷり入る。虫が乗ったり風が吹いたりして、芥子坊主が揺れると、そのフタに開いた小さな穴から種子がどんどん出てくるんだ。そう、塩入れから塩が出るような感じでね。

ひっつき虫から生まれた発明

　ジョルジュ・デ・メストラルという人がいた。彼はスイスのエンジニアで、アルプスの山々を歩きまわるのが趣味だった。山の別荘から家に帰ってくると、飼い犬の毛や自分のセーターにかならず野生のゴボウの果実がついていた。それを、いつもていねいにひとつひとつ落としていたんだ。

　ある夜、暖炉の前に座った彼は、まだひとつ、ひじのところにがっしりと引っついている実に気がついた。そのしがみつく力の強さに驚いた彼は、つまんで注意深く観察してみることにした。すると、その実をびっしり覆っているトゲトゲは、パッと見では小さな針が集まっているように思えたのに、よく見ると、針のようにまっすぐではなくてカギ形になっていることがわかったんだ。

　デ・メストラルは、自分の研究室にゴボウの実を持ちこんで顕微鏡でさらに観察したあと、その構造を人工的にまねすることに挑戦した。試行錯誤を重ねまくって、8年後の1948年、彼はついにマジックテープを発明した。あれだよ。靴とか服とかに使われてるだろ？　引っつけたり、はがしたりするのがラクチンな、あのテープのこと。

　マジックテープは、NASAが開発した宇宙服にも使われているよ。宇宙空間で靴ひもを結ぶなんて、めんどうくさすぎるもんね。

じつは、ぼくが靴ひもを結ぶのがヘタクソだからなんだけどね

ベリベリ

13　植物から学べることは？　　117

え？　話が地味？

オーケー。じゃあ、こんどはジョージ・ケイリー男爵（1773〜1857年）の話をしよう。イギリスの航空学の父といわれている人さ。なぜか。彼は、バラモンギクの綿毛が滑空するようすをよ〜く観察した。そのおかげでパラシュートを発明できたんだ。

イゴ・エトリッヒという、昔あったボヘミア王国（いまのチェコのあたり）のエンジニアは、熱帯に生息するウリ科のハネフクベにヒントを得て、単葉機の飛行機を開発したぞ。この植物の種子には長くてひらべったい羽がついていて、その先端は少し上を向いている。1904年にエトリッヒがつくったグライダーの試作機は、その種子そっくりなんだ。

え？　話が身近じゃない？

わかった。じゃあ、こういうのはどう？　ピエル・ルイージ・ネルヴィが1961年、トリノに建てた労働館という建築物がある。ものすごく高い鉄筋コンクリートの柱が、何本も並んで屋根を支えている。梁はその柱から放射状に伸びているんだけど、これ、じつは、

きのこのかさを下から見上げた眺めにそっくりなんだよ。

さて、きみならどうする？ 植物をもう少し勉強してみたら、どんなものが発明できるだろうね。

自然界に学ぶバイオニクス

1940年ごろ、大学では「バイオニクス」という新しい学問が教えられるようになった。これは、植物や自然界の生きものを研究して、技術革新につなげていこうというもので、工学、生物学、化学、建築学、植物学、解剖学など、ほかのいろんな学問にまたがった内容だ。ようするに、生きもののまねをして、いろんな分野で応用できるようにしようってこと。

とりあえず、庭に看板でも立てておこうか。こう書いておくのさ。「なにごともよく観察。そのメカニズムを"翻訳"して、役に立つアイテムに活かすべし」。

バイオニクスという学問は、自然のメカニズムをどうコピーすれば、ぼくたちの生活のなかの問題を解決できるのかを研究している。キャンプで使うドーム型のテントをイメージしてみようか。テントを支えるあのポールって、曲がるけど折れないよね。あれは、アシとか竹、それからイネ科植物の茎（小麦、大麦、ライ麦）をまねすることで発明されたんだよ。

さて、どんな発明ができるかしら？

こんどはバラを思いうかべてみよう。トゲトゲも気になるけど、花だよ、花。花びらの重なり方と傾きぐあいが絶妙なおかげで、バラは多くの花びらに太陽の光が当たるようになっている。ドイツのある研究グループは、まさにそんなバラの花の形をまねた革命的なソーラーパネルをつくっちゃったんだ。

駅のホームに、黄色いパネルが並べて置いてあるのを、見たことないかな？　デコボコしてるやつね。あれは点字ブロックといって、「ここを越えたら危ないですよ」ってことを目の見えない人に知らせるためのもので、ほかにも、改札口や切符売り場など、あちこちに設置してある。点字ブロックは、1960年代に日本で生み出されたものなんだよ。イタリアでも、1990年代にミラノの地下鉄の駅でまず実験したあと、全国に広がっていった。あの丸いデコボコとか、ザラザラした感じって、イチゴにそっくりだと思わない？

　これは未来の話じゃない。こうしたことは、いままさに、きみの家の外で起きていること。言っただろ？　外に出なくちゃって。外を歩いて、目にしたものの、とくに目にした生きものの名前を知るんだ！
　植物を救うために、みんながみんな、でっかいことをしなきゃいけないってわけじゃない。興味をもって、ひとつひとつ知っていくこと、これが大事。そうしたら、植物もいつか安心できるんじゃないかな。
　さて、きみはどうする？

13　植物から学べることは？　121

14

植物なしで生きられる？

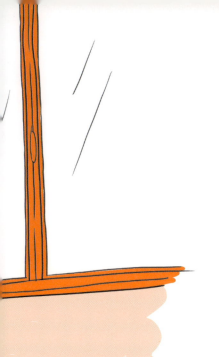

植物なしで暮らすなんて、逆立ちしたってムリだね。「植物を大切にしよう」とか、「美しい海を守ろう」とか、「緑の地球を救え」みたいな番組、よくテレビでやってるだろ？　ああいうのを見ると、笑っちゃうわけ。だって、どんなたいへんなことが起ころうと、はっきり言って植物にとっては、人間よりはマシさ。だいたい、救ってもらわないといけないのは、むしろ人間のほうなんだよ。

きみの暮らしは、植物に支えられている。身のまわりにあるものにも、いちいち感謝しなきゃいけないくらいだ。この本だって紙でできているわけだし、きみのTシャツは綿でできているし、自転車のタイヤはゴムでできているんだもの（そのゴムって、何からできていると思う？）。

ひとつひとつ、はっきりさせてみよう。

建材としての植物と、暖をとるための植物

　人間がこれまで何に木を使ってきたかっていうと、ダントツで家を建てるためと暖をとるためなんだ。考古学者が発見したなかでいちばん古い家、というか小屋は、40万年ぐらいまえのテラ・アマタ遺跡にある（フランス南部のニースのあたり）。柱と壁を木の枝で組んだ卵形の住居で、真ん中にはたき火をする場所がある。

　エネルギーを生みだしたり、暖をとったりするために、人間はいま、石油を燃やしている。石油ってのは、太古の恐竜や森林が何千年もの時間をかけて岩盤に押しつぶされ、分解され、液体になったもの。みんなとっくに知っていることだけど、石油は永遠に使えるものじゃない。いつかなくなってしまう。だからこそ、ぼくたちは、持続可能なエネルギー源はないかと研究を続けているんだ。持続可能ってのは、ぼくたちがそのエネルギーを、使うのと同じスピードで新しく生みだせるっていう意味だね。そうじゃないと、いまの暮らしの便利さや快適さをあきらめなくちゃならなくなるからさ。

　太陽があって、風が吹く。そして、海がある。こうした自然エネルギーの活用に加えて、なんと燃やしてエネルギーをつくりだすために植物を栽培するってアイデアもあるよ。大豆にパームヤシ、アブラナ、ヒマワリとかさ。

　そういう植物だって、燃やせばたくさんの二酸化炭素を排出するんだけど、石油よりははるかにマシなんだよね。それに、植える量と燃やす量のバランスがとれて、ちょうどいいとされている。まえにも説明したとおり、植物は成長するときに二酸化炭素を吸収して、燃やされるときには同じぶんだけ排出するからね。

着るための植物

きみのそのTシャツ、何でできてると思う？　化繊？　汗くさくなるまえに、とっととコットン（綿）のものに着がえておいで。

それで、コットンって何かわかる？　ワタっていう植物の種子についている毛からつくられた繊維のことだよ。

似たものにリネンもあるね。こちらは、アマっていう植物の茎からつくられた繊維で、リネンで織った生地は古代にはずいぶんはやったもんさ。古代エジプト人が大好きだったし（ファラオっていう王さまたちの服はリネンだった）、フェニキア人は地中海に面した国々へリネンを売ってまわっていた。アマの学名はリヌム・ウシタティッシムムといって、意味は「ごくありふれた糸」。たしかによくあるものだから、編んで網やロープといった身近なものにも使ってきたんだね。さらに、アマの種子からできる亜麻仁油は、木材に塗れば長持ちさせてくれるし、髪の毛につけるジェルや石けんの主原料にもなる。

そうそう、クワの木がなかったら、シルク（絹）は存在しなかっただろうね。シルクは、蚕の幼虫がクワの葉をむしゃむしゃ食べてつくってくれる細い糸だからさ。つまり、クワの木がなかったら、きみのママは自慢のスカーフにも出会えなかった。

それから、きみの毛糸のセーターだって、もし羊が草を食べられなかったら、存在しない。

なんてカッコしてるんだ、きみは？

14　植物なしで生きられる？

旅するための植物

　人間は、木でつくった船で、川、湖、海を渡ってきた。木の船は職人たちによって世界中でつくられてきた。木はしなやかだし、削りやすいし、手に入りやすい。なおかつ、そのまま水に浮くもんね。

　きみの自転車のタイヤのゴムは、クリストファー・コロンブスが「発見」したものだよ。コロンブスが目をつけたのは、弾力性のある素材でつくられたボール。これは当時、メキシコや中央アメリカ

船の歴史──錨を上げるぞ！

紀元前6000年ごろ

カヌー
石斧で1本の丸太をくり抜いてつくられた。作業時間を短くするために、丸太の上で火をおこして炭にしてくり抜いたり、砂で磨いてボディーをカーブさせたりしていたんだって。

720年ごろ

ヴァイキング船
スカンジナビア半島の南部ではカシの木、北部ではマツの木を使ってつくられていた。船橋にはトネリコの木（英語ではアッシュ）が使われたので、ヴァイキングのことをアッシュマンとよんでいた地域もある。

あたりの球技（サッカーのルーツといわれている）で使われていたものなんだ。

　1770年には、ジョゼフ・プリーストリーという人が、ゴムで鉛筆の筆跡を消せるってことに気づいた。もうわかるよね。そう、彼は消しゴムを発明したのさ。そして、1839年には、チャールズ・グッドイヤーという人が、ゴムをもっとじょうぶなものにするための「加硫処理」に成功。それが、タイヤの誕生だ。

1020年ごろ
ゴンドラ
水の都・ヴェネツィア名物の手こぎ船、ゴンドラが生まれた。ヴェネツィアのゴンドラは、こぎ手がバランスをとりやすいように、左右非対象になっている。8種類もの木を使ってつくるんだよ。

1400年ごろ
武装帆船、カラベル船
こうした船とともに、大航海時代ははじまった。強い風にも、しけにも耐えられるからこそ、大洋を越えていけたんだ。

天然ゴムは、アマゾン原産の植物、パラゴムノキの幹から流れ出る白い樹液（ラテックス）でつくられる。昔は南アメリカ大陸だけにある資源として、この木の栽培方法は、長らく秘密にされてきたんだ。でも、1876年、イギリス政府による極秘ミッションとして、種子がロンドンのキュー王立植物園に持ちこまれた。

　天然ゴムはイタリア語でカウッチューともいうんだけど、これはもともとインディオの「涙を流す木」という意味のことば。ダメージを与えないていどに幹に切りこみを入れて、そこからしたたり落ちる樹液を採取するので、インディオはそうよんでいたんだ。

演奏するための植物

　考えたこともないかもしれないけど、ピアノや打楽器、管楽器のいくつか、サウンドホールのある弦楽器は、木の音の特性をうまく使っているんだ。あと、北アフリカのマグリブ地域には、カボチャを使った楽器もあるぞ。

　太鼓にもいろんな種類があって、それぞれ音が違うよね。それは、大きさや皮の厚みが違うからっていう理由もあるんだけど、そもそも使う木の素材にもよる。やわらかい木だったら、音は低く、響きは長くなるぞ。カバの木を使った太鼓なんて、すごく力強い音がするんだ。

ギターやマンドリン、シタール、ヴァイオリン、ヴィオラ、チェロにも同じことがいえるよ。ローズウッドでつくったギターなら、低い音には広がりが出て、高い音はとくに強く鳴る。マホガニーを使ったギターの場合は、中音域が、ほかの木よりも豊かに鳴るんだ。

というわけだから、きみが好きな曲をヘッドホンで聴くときには、木のことを思い出すんだぞ。

オールマイティーな植物

どんな役もこなせる植物、それは竹。なぜかわかる？

竹を使った家に住んで、竹でできたベッドで目を覚ます。竹を使ったサンダルをはいて、竹でできたイスに座り、竹でできたテーブルで、竹でできたおわんに入ったタケノコを、竹でできたおはしで食べる。竹を燃やしてあったまることもできれば、竹製のパイプでタバコを吸うこともできる。メモをとる紙とペンだって、どちらもバッチリ竹からつくってしまえる。おまけに、竹でできた橋を渡ることだってできるんだ。

まとめると、竹はぶっとんでるってこと。原産地はアジアなんだけど、どんな土地でも育つし、そのスピードがまたすごく速い。幹は空洞で軽く、耐久性がある。それに、パンダの大好物だし、かわいい女の子が中から生まれてもくるぞ（少なくとも日本の昔ばなし『竹取物語』ではね）。

14 植物なしで生きられる？

15

植物ロボットって、なんだ？

植物ロボット——おもしろいアイデアだろ？　じつはこれ、もうしっかり考えている人がいるんだ！

ぼくたち人間は、脳を使いながら、何をしようか考えて、決断する。でも、知性っていうのは、かならずしも脳だけによるものではない。同じように、植物たちがコミュニケーションをとったり、何か決めたりするのに、ことばは必要ないんだ。

ダーウィンの息子のフランシスが気づいたように、カバの木は自分の枝で、近くの木の枝や葉っぱにビンタを食らわせることで、少しでも多く太陽の光を浴びようとする。きのこやカシの木は、おたがいに協力して森を支配してしまう。

きみが気づいているかどうかは別として、こういうのはすべて植物が、自分で決めてやっていることなんだよ。

131

植物のからだの場合、人間の脳みたいなものがあったほうがいいかっていうと、けっしてそうじゃない。植物はキビキビ動けないわけだから、脳が１か所にまとまっているのは弱点になるし、攻撃されやすくなってしまう。むしろ、根っこから葉っぱまで、小さな決断ができる部分が、あちこちにあるほうが有利なんだ。それこそ、分散型知性ってよべるようなものだ。

　とくに、根っこの先っぽはすごいぞ。だって、水分とか栄養分みたいな環境の特徴を感知して、どっちに伸びていけばいいかを「決める」んだもの。根っこ１本の判断が正しいかまちがっているか、それはたしかに命にかかわることではあるけれど、それだけですぐに生き死にが決まるわけじゃない。だって、根っこはほかにもたくさんあるんだから。

グループで働かせる知性

　たくさんの根っこがそれぞれに選択をしたり（小さな決断）、いくつもの枝がそれぞれに太陽の光を求めて伸びていったりして（小さなふるまい）、植物は成長する。こんなふうに、小さなふるまいがたくさん集まって、それがひとつの大きなふるまいにつながっていることを集団的知性っていう。変化がとてもゆっくりしているから、ぼくたちには気づきにくいけれど、こうした決断やふるまいは、はっきりとした意志があっておこなわれていることなんだ。だからこそ、植物は成長するし、子孫を残していく。

　動物の場合は、集団的知性をまさにグループで発揮する。鳥や魚、ハチの群れは、空や海で群れをなしては、ものすごい速さでその形を変えていくよね。なのに、群れのなかでぶつかりあったりはしない。どうしたら、あんなことができるんだろう？　そして、なんで、あんなふるまいをするんだろう？

　あれは、自分たちより大きな敵に襲われそうになったときに、相手を驚かせるためにやっていることなんだ。

　こうしたふるまいは、そのまま植物にも当てはまる。森全体と、そこに生えている木ひとつひとつをたっぷりと時間をかけて見ていくと、森のなかの木のふるまいは、群れのなかの魚や、社会に暮らす人間とあまり違わないってことがわかる。

　ひとつひとつは小さな点が、それぞれにはっきりとした意図をもって動くことで、それがい

つのまにか大きな模様をかたちづくっていくんだ。そんなことをしているなんて、だれも気づいていないとしてもね。

こうしたふるまいを研究することで、群知能という情報処理の技術が、ロボット工学の分野で発展してきた。

植物の神経科学

植物の集団的知性をもっと深く理解するために、2000年代のはじめごろ、新しい専門分野が生まれた。それが、植物の神経科学だ。

哺乳類の場合、脳から神経がいくつも伸びて、頭からの情報をあちこちに伝えている。ようするに、頭から決断がわきだしているのさ。植物の場合には、中央から末端へと指示を出していく脳はない。だけど、植物の知性は、問題解決に一丸となって取り組むのさ。信号を集めて、手をつないだすべての森の木の手段・力を使ってね。

そして植物には、ぼくたち人間のような記憶のしくみはないけれど、情報を蓄積・保存するしくみがあるんだ。暑さや寒さといった温度、水分の量、日照時間、害虫の発生などなど、こうした情報がぜんぶアーカイブ化される。その経験が、非常事態に役立つんだね。

プラントイド（植物ロボット）の登場

　イタリア、ピサの斜塔の近くにある、ポンテデーラという街で、世界初の植物ロボットが組み立てられた。その名は「プラントイド」。

　人工の根っこには小さなコントローラーがついていて、ほんものの植物とまったく同じように、それぞれに自分で決断をしていく。その結果、ロボットの根っこは、計算された方向に伸びていくんじゃなくて、自分のいる環境にあわせた決断にもとづいて成長していくんだ。どの根っこにもセンサーがあって、水分や化学物質、重さ、温度、光源への距離なんかの変化を見張っている。

　そして、自然界の植物と同じように、プラントイドも、やることの優先順位をだんだんと変化させていくよ。たとえば、成長の初期段階では、どの植物も障害物を避けて、地面にしっかり根を張ろうとするし、水や窒素、リンといった必要なものを探していく。成長が進んでくると、周囲の環境の条件や新しく必要になる要素におうじて、やるべきことの優先順位も変わっていくんだ。

　たとえば、どうもストレスがかかっていてカリウムがもっと必要だとなれば、植物は根っこに対して「カリウムを探せ！」って命令を出す。すると、どの根っこもシャカリキになって探しつづけるってわけ。何かまた必要なものが出てきたら、また探すってことのくり返し。

> **プラントイドには人工の根っこがあって、ほんものと同じように、1本1本が決断している**

成長するにつれて、植物は形を変えていくけれど、それは環境によって変わるものだから、まえもって予測はできないよね。プラントイドの根っこには小さな３Ｄプリンターが備えつけられていて、環境に反応しながら、根っこの新しい層がひとつひとつ生まれるようになっているんだ。まるで、植物の根っこの先に新しい細胞がつけ加わっていくようにね。

　プラントイドのからだのなかはどうなっているかというと、幹は空洞で、養分を得るために必要な線が通っている。そして、人工のものだから、ほんものの植物よりも成長や移動のスピードが速い。トウモロコシの根っこが、１時間に１〜３ミリメートル動くのに対して、ロボットは１分間に２〜５ミリメートルも動くんだ。

　もちろん、葉っぱもあるよ。やわらかいプラスチックでできていて、湿度におうじて動くんだ。根っこと同じで、周囲の環境に反応する、知性のある葉っぱってことだね。

それにしても、なんでこんなに夢中になって、植物ロボットを研究しているんだろうね。どんな使い道があるのかを考えてみよう。

プラントイドがさらに進化して、自由に動きまわれるようになるとしたら、どうだろう。まわりの土を探りながら、自分のからだをそこにあわせて成長していくロボットは、ガレキのなかとか、不安定な場所の探索にも使えそうだよね。地下遺跡を見つけるのにも役に立つ。農地では、水や栄養分がどれぐらいあるかを見きわめたり、逆に汚染物質がないかをチェックしたりもできるよね。小さく小さくしてしまえば、人間のからだのなかに入れて、傷をつけずにあちこちを見てまわることもできるかもしれない。

さらに、これがステキなところなんだけど、遠くにある別の惑星に送ることもできるかもしれないんだよ。

ということは、未知の宇宙を探検するのは、ぼくたち人間よりも植物がさきってこともおおいにありうるよね？ 自分で動くってことすらろくに知られていないような植物が、宇宙へ行っちゃうかもしれないなんて、すごいことだろ？

じゃあ、またね

　木にくわしいリチャード・メイビーという作家は、植物と人間の歴史をまとめたすばらしい本に、こんなタイトルをつけた。『世界最高のショー』。まったくそのとおりさ。

　ぼくたちの身のまわりでは、ずっとずっと、終わらないショーがくり広げられているんだ。ここまで書いてきたことは、そのごくごく一部のみ。コンサートでいえば、リハーサルくらいのもの。植物のショーはとても感動的で、いつもぼくたちのそばで、ぼくたちを忘れずに待っていてくれる。謎めいていて、おっかないときもあるけど、とにかく、目を見はるようなすごいものなんだ。

　植物のショーは、きみの目や耳、感覚をノックしつづけてくれるし、口に入って味覚を刺激してくれもする。ジェノヴェーゼのソースやペペロンチーノのパスタなんかは、まさにそうだ。

　植物は、人生をともに歩いてくれるパートナーだ。スピノザくんだって、ここまで文句も言わずにつきあってくれた。ベランダのゼラニウムだって、廊下のペチュニアだって、いい景色を眺めるときについついちぎってくわえちゃう葉っぱだって同じこと。挑戦状でもたたきつけるみたいに、抜いても抜いても生えてくる「雑草」だってそうだし、日差しがきついときに逃げこむ陰をつくってくれる木だってそうさ。

　それなのに、人間にとって、どれほど植物が必要な存在かを意識するのは、なかなか難しいみたい。ぼくたち人間こそ、植物にお世話になっているのであって、けっしてその逆ではないのにさ。

植物は、いろいろと考えさせてくれる存在でもある。人生の可能性や限界について。時間、老い、死、命のサイクル。ぼくたち人間（きみもだよ！）がメンバーとして暮らす、大切な地球や宇宙のこと。そして、このすばらしき世界が、いったいなんのためにあるのかについて。でも、そういうことを考えるのって、かならずしも楽しいことばかりじゃないから、植物への感謝を忘れがちになっちゃうのかな。

　だからこそ、楽しんでいこうじゃないか。この終わりのないショーのなかを、何度も何度も、何千回だって散歩しようじゃないか。アメリカの植物学者、ジョン・ミューアのことばを頭に入れておくといい。

「自然のなかを散歩すれば、いつだって、探しているよりずっと多くのものが得られる」

　そういうことさ。きみも何かを手に入れられるはず。自然から学んだことは、かならず、きみの力になってくれるぞ。

日本版監修者あとがき

　植物というと、多くの人が、じっとしていて動かない生きものと思うのではないでしょうか。

　この本にも登場する分類学の父、リンネは、いまから300年近くまえに、『自然の体系（Systema Naturae)』という本を出版しました。その本のなかで彼は、植物だけでなく自然に存在するすべてのものを鉱物・植物・動物の３つに分け、「鉱物は成長する。植物は成長（生長）し、かつ生きている。動物は成長し、生きており、さらに感知する」と定義しました。

　いまでも、このように、植物には感覚はないとか、植物は動物と違って動かないとか思っている人は多いのではないでしょうか。ところが、植物は、動物も顔負けするくらい、感知力をもち、動き、そして、おたがいに情報伝達までおこなっているのです。

　植物は、人間がいなくても何も困らずに生きていけるのに、人間は、植物がなかったら生きていくことはできないって、知っていましたか？　人間は、植物が放出する酸素に依存して生きているだけでなく、毎日食べているごはんやパン、野菜やくだものなどの食べものとして、着ているTシャツなどの衣料として、さらには家をつくる建築資材としても、わたしたちは植物を利用し、植物に依存して生きています。それなのに、わたしたちは、植物についてほんとうのことをまだまだわかっていないのです。

　それでも、最先端の研究によって、植物のはかり知れない能力が少しずつ明らかになってきています。この本は、日本ではいままであまり紹介されることがなかった植物の驚きの得意技をつぎつぎと紹介しています。

植物のなかには、どうやら地下を伝わる信号を出すものがいるらしい。「らしい」って書いたのは、これが最先端の研究で、いまもまさに研究が続けられているものだから。(30ページ)

　森のなかの木が、きのこやカビをとおして、種も違う別の木とつながっているという、想像しただけでもワクワクするような能力も、そのひとつ。この本ではくわしくは書かれていませんが、きのこやカビは、現在では植物の仲間ではなく、菌類という別の仲間として扱われていて、植物よりもむしろ動物に近いと考えられていることをお伝えしておきましょう。

　植物は、太陽の光を「食べる」(吸収する)ことで生みだしたエネルギー源を燃料にして、糖類やでんぷんなどの炭水化物や、タンパク質や脂質などをつくりだします(7-9ページ)。地球上の動物や菌類は、これら植物がつくりだしたものを食べたり、分解したりして生きています。つまり、動物や菌類は植物に依存して生きているのです。15章で、植物ロボットをつくるという話題が出てきますが、太陽の光を「食べる」(吸収する)ことで生みだしたエネルギー源を燃料にして食べものをつくりだす人工的な装置(つまり、人工光合成をおこなう植物ロボット)は、できていません。これからの大きな課題のひとつです。

　植物には、まだまだすばらしい能力が秘められているようです。これから植物のどのような能力が明らかになっていくのか、この本の16章以降が期待されます。多くの人たちに一読をおすすめしたい本です。

植物分類学者・国立科学博物館名誉研究員　秋山忍

著

ピエルドメニコ・バッカラリオ

児童文学作家。1974年、イタリア、ピエモンテ州生まれ。著書は20か国以上の言語に翻訳され、全世界で200万部以上出版されている。小説のほか、ゲームブックから教育・道徳分野まで、手がけるジャンルは多岐にわたる。邦訳作品に、『ユリシーズ・ムーア』シリーズ（学研プラス）、『コミック密売人』（岩波書店）、『13歳までにやっておくべき50の冒険』（太郎次郎社エディタス）など。

フェデリーコ・タッディア

ジャーナリスト、放送作家、作家。1972年、ボローニャ生まれ。あらゆるテーマについて、子どもたちに伝わることばで物語ることを得意とする、教育の伝道者でもある。子ども向け無料テレビチャンネルで放送中の「放課後科学団」をはじめ、多彩なテレビ・ラジオ番組の構成・出演をこなす。P・バッカラリオとの共著に『世界を変えるための50の小さな革命』（太郎次郎社エディタス）がある。

監修　バルバラ・マッツォライ

マイクロシステム工学の博士号をもつ生物学者。1967年、トスカーナ州リヴォルノ生まれ。イタリア技術研究所マイクロバイオロボティクスセンターのディレクター。育つ根をもつ植物ロボット「プラントイド」を開発。2015年、ロボット研究者が集う最大の国際科学コミュニティ「Robohub」で「ロボット業界で知っておくべき25人の女性」のひとりに選出。日本語訳の著書に『ロボット学者、自然に学ぶ』（白揚社）がある。

絵　エレナ・トリオーロ

イラストレーター、漫画家。1988年、トスカーナ州フィレンツェ生まれ。SNSで風刺画のシリーズを発表して大きな注目を集める。出版社やブランドと組んでの創作活動のほか、漫画やイラストを教える仕事もしている。代表作に『ニンジンとシナモンのケーキ』など。

日本版監修　秋山忍（あきやま・しのぶ）

植物分類学者、国立科学博物館名誉研究員、理学博士。1957年、東京都生まれ。東京近郊の山歩きなどで出会った数々の植物をとおして、植物の多様さに興味をもつ。専門は種子植物の分類学。とくに日本をふくむ東アジアからヒマラヤ地域で野外調査をおこない、この地域における種子植物の形態的多様性を研究している。分担執筆に『ツバキとサクラ』（岩波書店）、『Flora of Japan』『Flora of Nepal』『Flora of China』など。

訳　野村雅夫（のむら・まさお）

ラジオDJ、翻訳家、京都ドーナッツクラブ代表。1978年、トリノにて、日本人の父とイタリア人の母とのあいだに生まれる。イタリアのものを中心に、映画の字幕製作や配給、上映イベント、トークショーの企画などを手がける。訳書にシルヴァーノ・アゴスティ『誰もが幸せになる1日3時間しか働かない国』（マガジンハウス）など。

いざ！探Q ④

もしも草木が話したら？
植物をめぐる15の疑問

2023年3月1日　初版印刷
2023年3月31日　初版発行

著者	ピエルドメニコ・バッカラリオ
	フェデリーコ・タッディア
監修者	バルバラ・マッツォライ
イラスト	エレナ・トリオーロ
日本版監修者	秋山忍
訳者	野村雅夫
デザイン	新藤岳史
発行所	株式会社太郎次郎社エディタス
	東京都文京区本郷3-4-3-8F 〒113-0033
	電話 03-3815-0605　FAX 03-3815-0698
	https://www.tarojiro.co.jp
編集担当	漆谷伸人
印刷・製本	大日本印刷

定価はカバーに表示してあります
ISBN978-4-8118-0674-7　C8045

Original title: Gli alberi parlano?
By Pierdomenico Baccalario • Federico Taddia with Barbara Mazzolai
Illustrations by Elena Triolo

© 2021 Editrice Il Castoro Srl viale Andrea Doria 7, 20124 Milano
www.editriceilcastoro.it info@editriceilcastoro.it
From an idea by Book on a Tree Ltd. www.bookonatree.com
Project management: Manlio Castagna (Book on a Tree),
Andreina Speciale (Editrice Il Castoro)
Editor: Giusy Scarfone
Editorial management: Alessandro Zontini
Collaboration on the text writing: Andrea Vico
Graphic design and layout by ChiaLab